国家自然科学基金（青年基金）资助项目（50901036）
江苏高校优势学科建设工程资助项目
江苏科技大学品牌专业建设资助项目

NEW ENERGY MATERIALS
STUDY ON THE La–Mg–Ni SYSTEM HYDROGEN STORAGE ALLOYS
WITH A_5B_{19}–TYPE

新能源材料
La–Mg–Ni系A_5B_{19}型储氢合金的研究

魏范松 著

U0197958

江苏大学出版社
JIANGSU UNIVERSITY PRESS
镇 江

图书在版编目(CIP)数据

新能源材料 La-Mg-Ni 系 A5B19 型储氢合金的研究 / 魏
范松著. — 镇江 : 江苏大学出版社,2019.12
ISBN 978-7-5684-1261-2

Ⅰ.①新… Ⅱ.①魏… Ⅲ.①储氢合金－研究 Ⅳ.
①TG139

中国版本图书馆 CIP 数据核字(2019)第 290879 号

新能源材料 **La-Mg-Ni** 系 **A₅B₁₉** 型储氢合金的研究
Xin Nengyuan Cailiao La-Mg-Ni Xi A₅B₁₉ Xing
Chuqing Hejin De Yanjiu

著 者/	魏范松
责任编辑/	徐 婷
出版发行/	江苏大学出版社
地 址/	江苏省镇江市梦溪园巷 30 号(邮编:212003)
电 话/	0511-84446464(传真)
网 址/	http://press.ujs.edu.cn
排 版/	镇江市江东印刷有限责任公司
印 刷/	句容市排印厂
开 本/	890 mm×1 240 mm 1/32
印 张/	7.125
字 数/	200 千字
版 次/	2019 年 12 月第 1 版 2019 年 12 月第 1 次印刷
书 号/	ISBN 978-7-5684-1261-2
定 价/	35.00 元

如有印装质量问题请与本社营销部联系(电话:0511-84440882)

前　言

　　能源和资源是人类赖以生存和发展的源泉。自三次科技革命以来,人类对化石能源的消耗越来越快,环境污染也越来越严重,尤其是温室气体的排放,更是导致了南北极及高山冰川的过度融化,全球极端气候频繁发生。与此同时,随着社会经济的发展,能源已经成为国家经济的命脉,关乎一国可持续发展的安危,加上化石能源分布的不平衡,各个大国都在积极地争夺对世界资源与能源的控制权。为脱离环境与发展的矛盾和能源分布不平衡的困境,近年来世界各国纷纷把科技力量和资金转向新能源的开发。而氢能因其来源丰富,产物为水,并且具有清洁和高能量密度的特性,易于与电能、热能、机械能等其他能量形式进行互相转换,得到了世界各国研究者的重视。

　　作为氢能源的一个重要应用,镍氢(Ni-MH)二次电池近三十年来得到了迅速发展。尤其是近年来,随着技术的进步,数码相机、笔记本电脑、移动通信产品及电动工具等便携式电子产品得到了广泛普及和发展,加上电动自行车、电动汽车的商品化开发要求,对高容量高功率二次电池的需求日益增长,而原有的商业化储氢合金(稀土 AB_5 系合金)的放电容量几乎已达极限不能满足要求。因此,具有更高放电容量的 La-Mg-Ni 系储氢电极合金显示了良好的应用前景,得到了广泛的研究。一般来讲,La-Mg-Ni 系储氢合金具有多种超点阵结构,如 AB_3、A_2B_7、A_5B_{19} 等,对成分、化学计量比和制备条件敏感。但在实际一般冶炼条件下,Mg 元素具有很强的挥发性,最终会导致合金成分波动较大,增加了超点阵结构研究的难度。

因此本书在综合评述国内外储氢合金研究现状的基础上,根据二元合金相图采用中间合金配比熔炼制备 La-Mg-Ni 系(A_5B_{19}结构)储氢合金的方法,来控制 Mg 元素的成分波动性,获得了较好的研究结果。同时更进一步对合金的腐蚀机理、成分优化等进行了较为充分的系统研究,为开展相关研究工作打下基础。

本书共分 9 章,第 1 章介绍了 Ni-MH 电池的发展概况、工作原理,以及作为其重要负极材料的储氢合金的制备技术、研究进展和方向。第 2 章介绍了 La-Mg-Ni 系储氢合金的实验方法。第 3 章对 La_4MgNi_{19} 系列储氢合金的制备及腐蚀机理进行了探讨。第 4 章和第 5 章分别研究了 La_4MgNi_{19} 储氢合金 A、B 两侧成分的设计及优化。第 6 章和第 8 章分别研究了合金制备方法退火处理和快速凝固对 A_5B_{19} 系储氢合金的影响。第 7 章研究了在退火条件下合金中 B 侧 Co 元素的成分优化。最后,第 9 章分析了测试温度、电解液等测试条件对合金电化学性能的影响。

本书的编写参考了大量国内外研究者的研究成果,在此向这些作者表示衷心的感谢。著者指导的研究生魏范娜、陆欢欢、肖佳宁、蔡鑫等为本书提供数据资料,在此一并表示感谢。

本书的完成得到了国家自然科学基金(青年基金)项目(50901036)、江苏高校优势学科建设工程资助项目和江苏科技大学品牌专业建设资助项目的资助和支持,也在此表示感谢。

由于著者水平有限,书中难免存在疏漏和不足之处,敬请读者批评指正。

目　录

第1章 绪论

1.1 研究背景

能源和资源是人类赖以生存和发展的源泉。第一次工业革命以后,人类劳动实现了从手工向动力机器生产的转变,这使得人类生产力得到重大飞跃的同时,也提高了对能源和资源的需求。随着社会的发展,化石能源在人类活动中占据越来越重要的地位,甚至成为国家的经济命脉,关乎一国可持续发展的安危,加上化石能源分布的不平衡,各个大国都在积极地争夺对世界能源与资源的控制权。20世纪70年代爆发的能源危机,给世界经济造成了巨大影响,国际舆论开始关注世界"能源危机"的问题。与此同时,化石能源和资源的巨大消耗,也给环境带来了沉重的负担。据统计,目前,80%以上的能源消耗来源于化石燃料,其燃烧产物主要是CO_2和各种有害气体,是温室效应、酸雨、PM2.5等的最大贡献者,其结果导致了高山及南北极冰川的过度融化,全球极端气候的频繁发生,以及酸雨、雾霾分布区域和天数的增加,严重威胁了人类的生存环境。

为了走出环境与发展的矛盾困境,各国科技工作者纷纷聚焦于开展新能源方面的研究工作。因此,具有无污染且不会枯竭的新能源,如风能、太阳能、地热能和生物能等,获得了很大发展。然而,在很多领域,能源的使用具有分散性,如汽车、移动设备等领域,需将这些一次能源转化为可以储运分散使用的二次能源,才能加以利用。因此,只有开发和研究出清洁有效的二次能源储能载体,才可以减少或替代目前使用的化石燃料,从根本上减少能源使用过程中对环境造成的污染。氢能因其来源丰富,燃烧产物为水,具有清洁和高能量密度的特点,并且易于与电能、热能、机械能等其他能量形式进行互相转换,可以作为上述新能源的能量载体,逐步取代目前以碳循环为主的"碳经济"能源体系,建立起以氢循环为主的"氢经济"清洁能源社会。

然而,氢气的制备、储运与使用通常是分开的,这就需要开发出安全有效的储氢技术与手段。与石油不同,在常温常压条件下,氢气是气体,其体积能量密度非常低,限制了氢能的大规模应用。为了寻求储氢技术的突破,各国研究者从物理和化学两个方向进行了大量研究,如液化储氢、压缩储氢、纳米碳管吸附、金属氢化物、液态苯系物加氢等,但仍存在能量密度偏低或吸放氢动力学性能不够等缺点。

20 世纪 70 年代初,Justi 等首次发现金属氢化物具备电化学可逆吸放氢的特性,打开了储氢开发应用的另一个重要方向,即把储氢合金用作二次电池的负极材料,通过制备二次电池实现氢能的制备、储存和使用一体化。随后,经过世界各国材料及电池工作者十几年的不懈努力后,终于在 1988 年使以储氢合金为负极材料的 Ni-MH 电池进入了产业化阶段。其标志是美国 Ovonic 公司和日本松下公司研制的 Sc 型和 AA 型 Ni-MH 电池开始小批量生产。随后,日本的三洋、松下、东芝、汤浅等公司也相继成功开发出多种型号的 Ni-MH 电池并投放市场,产业化规模迅速扩大。在镍氢电池的应用方面,日本一直居于世界领先地位,如日本丰田汽车早在 1997 年就已将镍氢电池应用于普锐斯混合动力汽车上,到 2015 年,已开发到第四代,累计售出 300 多万辆,油耗低至 2.2 L/100 km,可节省燃料 30% 以上,降低尾气排放量更是超过 90%。

我国对储氢电极合金材料及 Ni-MH 电池的研究起步也比较早,早在 1990 年就已成功研制出了 AA 型 Ni-MH 电池产品。随后在"863"计划的指导和支持下,先后在沈阳、中山、天津及杭州等地建立了储氢电极合金和 Ni-MH 电池的生产基地,进入了大规模的

产业化阶段。据统计,早在 2010 年我国出口的小型 Ni-MH 电池就
已超过 10 亿只,创汇约 5.6 亿美元。目前,我国已成为生产 Ni-MH
二次电池的世界工厂和重要基地,产量和出口量均已超过日本,成
为世界第一。

镍氢电池具有无污染、高比能、大功率、快速充放电、耐用性好
等许多优异特性。与铅酸电池相比,镍氢电池具有比能量高、质量
轻、体积小、循环寿命长的特点;与镍镉电池相比,其比能量是镍镉
电池的两倍,且不含有镉、铅这类有毒金属;相比于锂离子电池,镍
氢电池耐过充过放,工作温度范围宽(−30 ~ 55 ℃),在大电流放
电条件下可实现安全的高功率输出,其主要原材料金属镍和稀土
材料均可实现回收。而锂离子电池的回收价值不高,特别是重达
数百公斤的车载锂离子电池的回收利用难度较大,很容易造成二
次污染。

因此,随着人们环保意识的增强,Ni-MH 电池已广泛应用于各
种移动领域,甚至包括潜艇和医疗设备等,显示了广阔的应用前
景。不断扩大的应用领域对 Ni-MH 电池的性能也提出了更高的要
求,尤其是电动汽车用高能量密度、高功率和长寿命的大型动力电
池已成为世界各国研究开发的热点。Ni-MH 电池进入一个崭新的
发展阶段,可以看出,进一步开发各种新型高性能的储氢电极合金
对于推动我国 Ni-MH 电池的产业化发展和提高 Ni-MH 电池的生
产技术水平具有重要的意义。

1.2　镍氢电池的工作原理

Ni-MH 电池的正极是高容量和高活性的 $Ni(OH)_2/NiOOH$ 电
极,负极是储氢电极合金,电解质为 6 mol/L KOH 溶液,用化学式
表示即为

$(-)M/MH|KOH(6\ mol/L)||Ni(OH)_2/NiOOH(+)$

电池的工作原理如图 1-1 所示。

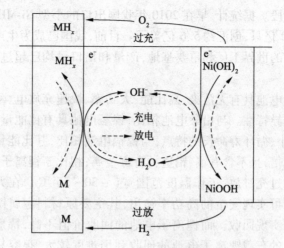

图 1-1　Ni-MH 电池的工作原理

　　研究表明,在 Ni-MH 电池充放电过程中,正、负极发生的反应分别为

$$正极:Ni(OH)_2 + OH^- \underset{放电}{\overset{充电}{\rightleftharpoons}} NiOOH + H_2O + e^- \tag{1-1}$$

$$负极:M + xH_2O + xe^- \underset{放电}{\overset{充电}{\rightleftharpoons}} MH_x + xOH^- \tag{1-2}$$

式中,M 及 MH_x 分别为储氢合金和相应的氢化物。

电池总反应可表示为

$$M + xNi(OH)_2 \underset{放电}{\overset{充电}{\rightleftharpoons}} MH_x + xNiOOH \tag{1-3}$$

当 Ni-MH 电池过充电时,发生的反应为

$$正极:4OH^- \rightarrow 2H_2O + O_2 + 4e^- \tag{1-4}$$

$$负极:① \ 2MH + \frac{1}{2}O_2 \rightarrow 2M + H_2O \tag{1-5}$$

$$② \ 2M + 2H_2O + 2e^- \rightarrow 2MH + 2OH^- \tag{1-6}$$

当 Ni-MH 电池过放电时,发生的反应为

$$正极:2H_2O + 2e^- \rightarrow H_2 + 2OH^- \tag{1-7}$$

$$负极:① \ H_2 + 2M \rightarrow 2MH \tag{1-8}$$

$$② \ 2MH + 2OH^- \rightarrow 2H_2O + 2e^- \tag{1-9}$$

从以上化学反应方程式可知,过充电时正极析出的氧气透过隔膜在负极与合金氢化物反应,被复合成水;过放电时,正极析出的氢气被负极吸收。因此,Ni-MH 电池有较好的耐过充放特性,可实现密闭化。另外,从电池总反应来看,充放电过程无电解液组分(KOH 或 H_2O)额外的生成和消耗,电解液的浓度保持不变,这是Ni-MH 电池的特点之一,它说明 Ni-MH 电池在使用过程中无须维护。

由以上 Ni-MH 电池的工作原理可知,作为电极活性物质的储氢电极合金,必须满足如下要求:① 较高的电化学吸放氢容量;② 良好的吸放氢动力学性能和电催化性能;③ 在碱性电解液中具有良好的抗腐蚀性能和化学稳定性;④ 合适的吸放氢平台压力(0.001~0.1 atm);⑤ 价格低廉。

1.3 储氢合金的研究现状

储氢合金是由易生成稳定氢化物的元素 A(如 La、Zr、Mg、V、Ti等)与过渡族金属元素 B(如 Cr、Mn、Fe、Co、Ni、Cu、Zn 等)组成的金属间化合物,既可用于气态储氢,也可用于电化学储氢,其性能的好坏,是影响镍氢电池性能的关键因素。目前研究的储氢合金材料主要有 AB_5 型混合稀土系合金、AB_2 型 Laves 相合金、AB 型钛铁系合金、A_2B 型 Mg-Ni 系合金、V 基固溶体型合金及新型 La-Mg-Ni 系合金等几种类型。其中,新型 La-Mg-Ni 系合金中存在多种超点阵结构的合金相,显示有较好的最大放电容量和高倍率放电性能,受到了各国储氢合金研究者的关注,是目前研究的重要热点,本节给予了详细介绍。

1.3.1 AB_5 型混合稀土系合金

AB_5 型混合稀土系合金具有易活化、放电容量较高(理论容量达 372 mA·h/g)、高倍率放电性能较好及价格低廉等优点,现已成为国内外 Ni-MH 电池生产中应用最为广泛的储氢负极材料。AB_5 型稀土系储氢电极合金是在 $LaNi_5$ 二元合金的基础上发展起来的一种多元合金。研究表明,纯 $LaNi_5$ 合金在强碱液中的抗腐蚀能力差,加上充放电过程中容易粉化,导致合金的电化学容量随着循环次数的增加迅速衰减(150 次充放电循环后合金的放电容量下降至 100 mA·h/g 以下),不能满足 Ni-MH 电池实用化的要求。1984 年,Willems 采用多元合金化的方法,以 Nd、Ti 部分替代合金 A 侧的 La,以 Co、Si、Al 等元素部分取代合金 B 侧的 Ni,降低了合金的吸氢体积膨胀,显著改善了合金的循环稳定性,多元合金化从此成为优化储氢合金综合电化学性能的主要手段之一。此后,通过采用混合稀土替代 $LaNi_5$ 中的 La,并同时采用 Co、Mn、Al、Ti 等元素部分替代合金 B 侧的 Ni,逐渐发展成为目前的混合稀土系多元合金。其中比较典型的合金有 $Mm(NiCoMnAl)_5$ 和 $Ml(NiCoMnTi)_5$ 等,其最大放电容量可达 $280 \sim 320$ mA·h/g,并具有较好的循环稳定性和综合电化学性能,现已在国内外 Ni-MH 电池中得到广泛应用。

在现已产业化的 AB_5 型混合稀土系储氢电极合金中,为了保证合金具有良好的循环稳定性,Co 的含量一般为 10wt% 左右。但由于 Co 的价格昂贵,制约了合金成本的降低,不能适应 Ni-MH 电池在电动汽车等领域大规模应用的发展需求。为此,研究开发各种低成本的低 Co 或无 Co 储氢电极合金已成为 AB_5 型合金的重要发展方向。

1.3.2 AB_2 型 Laves 相合金

AB_2 型 Laves 相储氢合金主要是以 $ZrCr_2$、ZrV_2 及 $ZrMn_2$ 等为基础发展而成的一类多元合金。该合金的主相为六方结构的 C14 型 Laves 相和立方结构的 C15 型 Laves 相。AB_2 型合金的电化学放电容量很高,可以达到 $380 \sim 420$ mA·h/g,而且在碱液的作用下,Zr 和其他元素会在合金表面形成一薄层致密的氧化膜,使合金具有较好的循环稳定性,但同时也降低了合金的活化性能。非化学计量比 $Zr(V_{0.2}Mn_{0.2}Ni_{0.6})_{2.4}$ 合金具有较好的平台特性曲线,初始放电容量达到 320 mA·h/g,对该合金 HF 表面改性处理后,可去除表面的 ZrO_2 钝化薄膜,提高合金的活化性能。

AB$_2$ 型合金目前还存在初期活化困难,高倍率放电性能较差和原材料价格相对较高等缺点,故该系列合金至今未能在 Ni-MH 电池的生产中得到广泛应用。但由于 AB$_2$ 型合金具有储氢量高和循环寿命长等优点,作为 Ni-MH 电池的一种高容量负极材料仍有待进一步研究改进。

1.3.3 AB 型钛铁系合金

AB 型合金中最为常见的是 TiFe 合金,为简单立方结构。TiFe 合金热力学性能良好,在常温常压下便可实现氢的可逆吸放,本征储氢量能够达到 1.9wt%,同时其原材料资源丰富,成本低廉,具有一定的商业价值。

限制 TiFe 合金大规模应用的因素是其严苛的活化条件,活化需在高温高压下进行,同时在测试中易发生中毒,容量下降明显。为了改善活化困难的缺点,很多研究团队对其做了广泛的研究,并提出了多种可能性方法,其中最有效的方法为合金法。Hiroshi 等的研究认为,用 Mn 微量替代 Fe 可有效地改善 AB 型合金的活化性能,并可以减缓其在吸放氢过程中的中毒,但却会导致合金储氢量的减小和吸放氢平台倾斜。此外,AB 型合金的电化学性能较差,非常容易被腐蚀,不适合做电池负极材料,相关研究仍需要进一步的深入。

1.3.4 A$_2$B 型 Mg-Ni 系合金

以 Mg$_2$Ni 为代表的镁基储氢合金具有储氢量高(按 Mg$_2$NiH$_4$ 计算,理论容量接近 1000 mA·h/g)、易活化、资源丰富、价格低廉等特点,多年来一直受到各国研究者的极大重视。但由于 Mg$_2$NiH$_4$ 过于稳定,需在温度高于 250 ℃时才能放氢,因而难以在电化学体系中应用。研究发现,通过使晶态的 Mg-Ni 合金非晶化,利用非晶合金表面的高催化活性,可以显著改善 Mg 基合金吸放氢的热力学和动力学特性,使其具备良好的电化学吸放氢能力。如通过机械合金化的方法制备出的非晶态 Mg$_{50}$Ni$_{50}$ 合金,在放电电流为 20 mA/g 的条件下,第一个循环的放电容量即可高达 500 mA·h/g,但循环稳定性很差,每循环放电容量下降高达 10~60 mA·h/g,尚不能满足电池实用化的要求。目前,改善和提高 Mg-Ni 系合金的电化学性能的手段主要有改进合金的制备方法、进行多元合金化或表面改性处理等,力求进一步提高合金的综合电化学放电性能。

1.3.5 V 基固溶体型合金

V 基固溶体合金具有很高的储氢容量(3.8wt%)。研究表明,V 基固溶体合金吸氢后可生成 VH 和 VH_2 两种氢化物,其中 VH 型氢化物过于稳定(室温平衡氢压约为 10^{-9} MPa),难以利用,但 VH_2 型氢化物在适当的温度和压力下能够可逆吸放氢,储氢量可达 1.9wt%,仍高于 AB_5 和 AB_2 型合金。由于 V 基固溶体本身缺乏电极活性,长期以来,对其在电化学应用方面的研究很少。近些年来,Tsukahara 等研究发现,添加 Ni 的 V_3TiNi_x ($x = 0 \sim 0.75$) 合金可以较易进行电化学吸放氢,在 25 mA/g 的放电电流条件下,$V_3TiNi_{0.56}$ 合金的放电容量可达 420 mA·h/g。研究发现,在上述合金中,TiNi 基第二相以三维网络形式在固溶体主相晶界处析出,并具有良好的电催化活性,是合金得以电化学吸放氢的主要原因。但由于合金第二相中的 V 基在充放电循环过程中发生腐蚀,导致第二相逐渐消失,经 77 次充放电循环后放电容量降低到零。而另一种 $V_{2.1}TiNi_{0.3}$ 合金,其理论容量高达 1055 mA·h/g,实测放电容量可达 540 mA·h/g(放电电流为 25 mA/g),是目前 V-Ti-Ni 系三元合金中放电容量最大的一种合金。通过在合金中添加 Hf、Nd 等元素进行多元合金化,V-Ti-Ni 合金电极的电化学性能已有较大改善,如 $V_{2.1}TiNi_{0.5}Hf_{0.05}Nb_{0.037}$ 合金的最大放电容量为 392.8 mA·h/g(放电电流为 50 mA/g),在放电电流为 400 mA/g 时的高倍率放电性能为 64.2%,经 30 次循环后的容量保持率为 71.7%。该类合金的优点是电化学容量高,易活化,但仍然存在循环稳定性和高倍率性能差及合金成本较高等问题,有待进一步研究改进。

1.3.6 La-Mg-Ni 系合金

研究表明,将 Mg 基合金和 AB_5 合金球磨混合,利用 AB_5 合金良好的吸放氢动力学性能,可明显改善 Mg 基合金吸放氢性能。但由于球磨颗粒细小,易使合金氧化,从而使其循环寿命较 AB_5 合金有很大下降。Kadir 等则通过冶炼的方法制备了 R-Mg-Ni 三元合金，发现 RMg_2Ni_9（R = 稀土，Ca 或 Y）合金吸氢后，仍保持 $PuNi_3$ 型结构，进行适当的元素替代可使合金的储氢量达到 1.7wt% ~ 1.8wt%，明显高于现有的 AB_5 型混合稀土系合金。因此，La-Mg-Ni 系高容量储氢合金的研究受到人们的广泛关注。

随后，Chen 等研究了 $LaCaMg_2Ni_9$ 合金的电化学性能，发现其最大放电容量可达 360 mA·h/g，但存在高倍率放电能力较差及容量循环衰退较快等问题。为了进一步提升 La-Mg-Ni 系合金的综合电化学性能，各国材料工作者通过非化学计量比、元素替代、化学修饰及制备方法等手段进行了大量研究，开发出了 A_2B_4（$LaMgNi_4$）、AB_3（$LaMg_2Ni_9$，La_2MgNi_9）、A_2B_7（La_3MgNi_{14}）、A_5B_{19}（La_4MgNi_{19}）、A_7B_{23}（$La_5Mg_2Ni_{23}$）等系列合金，部分合金显示了良好的电化学性能，具备了实用化基础，需要对其研究现状进行详细综述。

1.3.6.1　化学计量比对合金性能的影响

研究表明，La-Mg-Ni 系合金中常见的几种相为超点阵结构，是由 Laves 相结构的 $[A_2B_4]$ 单元和 $CaCu_5$ 结构的 $[LaNi_5]$ 单元沿 c 轴 [001] 方向堆垛组成，即 $l[A_2B_4] + m[AB_5]$，当 $l = 1$，$m = 1,2,3$ 时，可形成 AB_3、A_2B_7、A_5B_{19} 等相，两单元结构堆垛的部分模型如图 1-2 所示。可见，A/B 两侧元素化学计量比的改变，会改变 La-Mg-Ni 系储氢合金的相结构，从而影响其储氢性能。

Kohno 等研究了 La-Mg-Ni 系 $AB_{3~3.5}$ 型的电极性能，发现 $La_{0.7}Mg_{0.3}Ni_{2.8}Co_{0.5}$ 合金的放电容量可达 410 mA·h/g，比现有 AB_5 型商品合金的放电容量提高了 25% 左右，且在 30 次循环内具有良好的循环稳定性。周增林等制备了不同 B/A 侧化学计量比的储氢合金，研究发现，当 B/A 的化学计量比为 3.1~3.4 时，合金的综合电化学性能趋于最佳值。邓安强等通过对 $(La,Mg)Ni_{3.5}(TiNi_3)_x$ 合金的研究发现，$x = 0.3$ 时（B/A = 3.8），合金的各项性能均有提升。

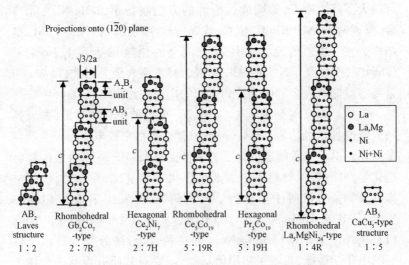

图 1-2 $AB_x(x=2\sim5)$ 系列合金的晶体结构模型

Li 等的研究发现,不同结构合金相的抗腐蚀性能从好到差分别为 $A_5B_{3.8}>A_2B_7>AB_3$。而方小飞通过 $AB_{3.0}$、A_2B_7、A_5B_{19} 的对比研究发现,在相丰度都保持较高的情况下,A_2B_7 的电化学性能最佳,其最大放电容量(C_{max})、循环寿命(S_{100})、高倍率性能(HRD_{900})分别达到了 386.8 mA·h/g、91.5%、80.9%。此外,李振轩等研究 $LaMg(Ni,Co)_x(x=3.0,3.3,3.5)$ 后发现,当 $x=3.0$ 时,C_{max} 高达 380 mA·h/g,而随着 x 值的逐渐增加,合金电极的各项性能也都显示有明显的衰退。

在 La-Mg-Ni 系储氢合金研究中,Mg 元素含量尽管不高,但作用很大,会影响到合金的最终化学计量比及超点阵结构的稳定性。由于 Mg 元素的易挥发性,导致实验过程中合金的相组成与合金化学计量比并不完全一致,一般条件下制备的大部分合金都含有多种相结构,有些时候同样合金成分在不同实验条件会有不同的实验结果。因此,在结合其他更优制备条件的基础上,仍需进一步深入研究化学计量比的影响。

1.3.6.2 元素替代对合金性能的影响

元素部分替代法即合金化法,是提高 La-Mg-Ni 系储氢合金各项电化学及动力学性能最为有效的方法之一。合金元素不会改变各相的晶体结构,但会通过影响其稳定性来改变相的种类和相丰度,从而显著影响合金的各项储氢性能。A 侧替代元素主要有 Mg、Pr、Nd、Sm、Gd、Y、Ca、Zr 等,而 B 侧的替代元素则有 Co、Cu、Al、Mn、Sn、Fe 等。

对 A 侧元素部分替代 La 的研究表明,Mg 部分替代 La 的量增加,在一定范围内一般会提高合金的最大放电容量,但会明显降低合金的循环稳定性,这主要是由于 Mg 含量对合金的相结构组成影响很大,同时其在碱液中抗腐蚀性能差所致。Ca 元素的添加同样可以显著地提升合金电极的放电容量。例如,$La_{1.2}Ca_{0.8}MgNi_9$ 合金实际测得的最大放电容量高达 411.7 mA·h/g,比无 Ca 状态下的 La_2MgNi_9 提高了 12%,但过多的 Ca 元素则会导致合金循环寿命的下降。Xue 等对 La_3RMgNi_{19}(R = La,Pr,Nd,Sm,Gd,Y)合金的研究发现,Sm、Gd 和 Y 会促进 A_5B_{19} 相的形成,而 Pr 和 Nd 会促进 A_2B_7 相的形成,所有元素的部分替代都会降低合金的最大放电容量。而张羊换等在对 $La_{0.8-x}RE_xMg_{0.2}Ni_{3.35}Al_{0.1}Si_{0.05}$(RE = Nd,Sm,Pr;$x$ = 0,0.2)合金的研究中发现,Nd 等元素部分替代 La 会减少 A_2B_7 相的形成,促进 $LaNi_5$ 相的形成。上述研究结果的不一致说明,合金的超点阵相结构对 A 侧元素的变化非常敏感,其他如化学计量比、制备工艺及热处理等因素对其也有较大影响。

在 B 侧元素部分替代 Ni 的研究中,Al、Co、Cu、Sn 等元素一方面会增大合金的晶胞体积,降低其吸氢膨胀率;另一方面还可减缓合金电极在充放电过程中受到的腐蚀,从而多方面提升合金电极的循环稳定性。而 Mn 和 Fe 元素在碱液中的抗腐蚀性能较差,其大量添加会对合金的循环寿命有不利影响。Fan 等在对 La_4MgNi_{18}-M(M = Ni,Al,Cu,Co)合金的研究中发现,Al、Cu、Co 的部分替代会改善合金的相组成和提高其抗腐蚀性能,从而明显提高合金电极的最大放电容量和改善其循环寿命。刘永峰等对 Mn 部分替代

Ni 的 $La_{0.7}Mg_{0.3}Ni_{2.975-x}Co_{0.525}Mn_x(x=0\sim0.4)$ 合金的研究表明,Mn 含量的增加,会促进 AB_5 相的形成,改善合金电极的高倍率放电性能和提高其最大放电容量。相关研究还发现使用微量的 Fe 替代 Co,有利于合金电极容量和循环稳定性的提升,这得益于其更大的原子半径降低了吸氢膨胀率,从而改善了粉化程度。但当 Fe 的添加过量时,合金电极的各项性能均会出现大幅的衰减。

多年的研究结果表明,多元少量合金化的思路更能有效提高合金电极的综合电化学性能。目前,La-Mg-Ni 系合金的性能已得到了进一步优化,最大放电容量可达 $370\sim410$ mA·h/g,经 100 次充放电循环后的容量保持率(S_{100})也超过了 80%,显示出良好的发展应用前景。

1.3.6.3 合金表面处理对合金性能的影响

储氢合金的表面处理是指通过球磨包覆、化学沉淀包覆、热碱处理等各种方法,最终在合金颗粒表面形成一层高催化活性层,进而提高其电化学性能的有效手段。通常来讲,经过表面处理后,合金电极的循环寿命、自放电性能和活化性能均有不同程度的改善。常用的催化活性层,主要有 Ni-Mn、Cu、Ni-P、Ni-B、Pd 和 Co 等。

Li 等研究了 Mo、Ni 元素在 $La_{0.88}Mg_{0.12}Ni_{2.95}Mn_{0.10}Co_{0.55}Al_{0.10}$ 合金颗粒表面的共同沉淀包覆,发现此法可在合金表面形成一个 Mo-Ni 网状修饰层,通过两种元素的协同作用,可在不影响合金最大放电容量的基础上,明显改善其高倍率放电性能。此外,对 La-Mg-Ni 系合金氟化和 Co-Mo 沉淀修饰处理也有类似结果,合金的最大放电容量和高倍率放电性能均有改善,这得益于其表面形成的高催化活性沉淀层。

康龙等对比研究了 A_2B_7 型储氢合金未包覆和表面包覆 Cu 及对包覆铜的储氢合金进行再包覆 NiCo 处理的合金电极电化学性能,发现表面包覆 Cu 和 Cu-Ni 后的储氢合金电极循环稳定性有所提高,而包覆 Cu-Co 的合金电极稳定性较差,但电极容量有所提高。研究认为,包覆 Cu、Cu-Co 及 Cu-Ni 处理会改善合金表面的电催化活性,加快了合金表面电荷的迁移速率,从而提高了高倍率放电能力。

曾书平等研究了热碱处理对 A_2B_7 合金电化学性能的影响,发现经 15 min 热碱处理后性能最佳,合金电极表面可形成较多的富 Ni 层,循环寿命 S_{100} 可由未处理时的 83.67% 提高到热碱处理后的 93.09%。

1.3.6.4 制备方法对合金性能的影响

目前,储氢合金的批量生产通常采用中频感应炉熔炼的方法制备,该方法采用惰性气体保护,熔炼升温快,熔炼温度范围大。但受熔炼炉的限制,熔化后需随炉冷却,凝固冷却速度缓慢($\leqslant 10^2$ K/s),导致合金晶粒粗大,合金元素偏析,容易出现杂相,对合金的电化学性能(特别是循环稳定性)产生不利的影响。研究表明,通过改进储氢合金的制备工艺(如退火、单辊快淬、气体雾化及机械合金化等),调整合金的微观结构可使合金的综合电化学性能进一步得到提高,尤其是合金的循环稳定性方面得到明显改善。目前有关储氢合金制备工艺的研究主要集中在两个方向,一是对铸态合金进行后续退火热处理;二是采用具有较高冷却速度的快速凝固($10^3 \sim 10^6$ K/s)技术来制备合金。

(1)热处理对合金性能的影响

一般认为,退火处理可以减少合金元素的偏析,使合金中非平衡第二相减少或消失,并消除合金的内应力,去除合金中的位错等晶格缺陷,降低合金的吸放氢平台压力,使 *P-C-T* 曲线平台变得更加平坦。此外,适当的退火处理可以提高储氢合金的放电容量和循环稳定性,但对合金的高倍率放电性能有不利影响。

Wan 等采用原位中子衍射法研究了 La_2MgNi_9 合金从 300 K 到 1273 K 的相结构变化,发现铸态合金由 La_2MgNi_9、$LaMgNi_4$、$LaNi_5$、La_4MgNi_{19} 等多种相组成,当温度提高到 1073 K 时,$LaMgNi_4$ 和 $LaNi_5$ 会反应生成 La_2MgNi_9(3R)相,温度达到 1173 K 时,La_2MgNi_9 和 $LaNi_5$ 发生反应生成 La_4MgNi_{19}(3R)相,当温度超过 1223 K 时,La_4MgNi_{19}(3R)会转变为 La_4MgNi_{19}(2H)相并出现液相。该课题组又对 $La_{1.5}Nd_{0.5}MgNi_9$ 合金进行了同样研究,发现 Nd 元素的引入,

使合金中多了 La_2Ni_7 相,在 1173 K 到 1273 K 之间时,La_4MgNi_{19} 相和 La_2Ni_7 相均有明显增加,也未出现液相。可见,对不同的合金成分,选择合适的保温温度和保温时间进行退火处理尤为重要。

方小飞等研究了 $AB_{3.7}$ 合金分别在不同温度下 12 h 退火后的性能变化,发现退火后合金变成了以 A_5B_{19} 相为主相的多相结构,退火温度的升高,使合金电极的 C_{max} 和 S_{100} 逐步提升。在 $T=1273$ K 时,两者分别达到了最大值 373.01 mA·h/g 和 90.2%。但黄显吞等却得到相反结论,在对铸态 AB_3 型合金进行了 1173 K,10 h 的退火后发现,合金电极的吸氢量不升反降,如 $(La_{0.8}Nd_{0.2})_2Mg(Ni_{0.8}Co_{0.1}Mn_{0.1})_9$ 的最大吸氢量从铸态的 1.21wt% 降至 1.18wt%,但其最大放电容量仍可保持在 399.2 mA·h/g。邓安强等将 $La_{1.5}Mg_{0.5}Ni_{7.0}(TiNi_3)_{0.1}$ 合金在 1173 K 下退火后,分别保温 1,2,5,12 h 后随炉冷却。结果表明,退火时间的延长,使其中的 $LaNi_5$ 相逐渐减少,相丰度从 41.72%(铸态)降低到 5.34%(12 h)。同时,退火时间的延长,使得含有 Mg 元素的 Ce_2Ni_7 和 Gd_2Co_7 相逐步增多,其相晶胞体积却随之缩小,而没有 Mg 元素替代的 $LaNi_5$ 相几乎不受影响。这可能是因为退火时间的延长导致了 Mg 元素的烧损,影响了含 Mg 相。

大量 La-Mg-Ni 系储氢合金退火处理实验表明,Mg 含量对合金相结构很重要,且其挥发量与退火时间和温度有关,为了实现合金相结构组成的优化,仍需从多方面进一步研究,优化热处理参数。

（2）快速凝固对合金性能的影响

常用的快速凝固技术是熔体快淬法,即在有保护气体的条件下,使用气压将液态合金喷至不同旋转速度的铜辊表面,合金会因为较大的过冷度迅速凝固,从而得到不同形态的薄带状合金片。因此控制铜辊的转速,即可控制不同的冷却速度,通常以铜辊表面的线速度来表示。

研究表明,快速凝固可以细化合金晶粒,抑制第二相析出,明显提高储氢合金的循环寿命。Lv 等研究了 $La_{0.65}Ce_{0.1}Mg_{0.25}$-

$Ni_3Co_{0.5}$合金在不同冷却速度条件下的性能变化,发现快凝速度增加,会降低合金的最大放电容量,但可明显改善合金的循环稳定性。当快速凝固速度为 10 m/s 时,合金具有较好的电化学性能,100 次循环后的容量保持率可达到 86%。

吴彦军等用快速凝固方法制备了 $La_2Mg_{0.9}Ni_{7.5}Co_{1.5}Al_{0.1}$储氢合金,发现其显微组织为晶粒细小的柱状晶,随冷却速度的增加,合金的最大放电容量减少、高倍率放电性能下降。在较低的冷却速率下(5 m/s),合金电极的循环稳定性改善不明显,而随着冷却速度的进一步增加(20 m/s),合金电极表现出较好的循环稳定性。

1.4 本书的主要内容

Mg 元素是 La-Mg-Ni 系储氢合金中的一种特殊元素,缺少则无法形成具有高储氢量的合金相。同时 Mg 元素在熔炼中极易挥发,难以控制,是 La-Mg-Ni 系储氢合金研究中的一个难题,目前仍然没有较好的方法来保证合金中 Mg 含量的稳定性及准确性。由于微量 Mg 元素的改变就可以改变合金的化学计量比,对合金的相组成产生很大影响,从而明显影响合金的储氢性能,因此,文献报道中的很多关于 La-Mg-Ni 系储氢合金的研究成果,实验冶炼和测试条件不同,结果并不完全一致,需要进一步整理、分析和研究。

La-Mg-Ni 系储氢合金中有三种常见的超点阵结构,分别为 AB_3、A_2B_7 和 A_5B_{19},其中 A_5B_{19} 相的综合电化学性能更好,但其结构复杂不易制备,对 Mg 元素的含量也比较敏感。因此,本书在综合评述国内外储氢合金研究现状的基础上,结合二元合金相图,采用中间合金配比熔炼制备 La-Mg-Ni 系(A_5B_{19}结构)储氢合金的方法,来控制 Mg 元素的成分波动性,获得了较好的研究结果。同时更进一步对合金的腐蚀机理、成分优化等进行了较为充分的系统研究,主要内容如下:

① 探索不同中间合金制备 La_4MgNi_{19} 系列储氢合金的优、缺点,并优化中间合金成分,对制得合金的腐蚀衰退进行探讨。

② 研究 Co、Mn、Al、Fe 等元素部分替代 B 侧的 Ni 对 La$_4$MgNi$_{19}$储氢合金性能的影响。

③ 研究富 Ce 稀土部分替代 A 侧的 La 元素及 La/Mg 元素比例的变化对 La$_4$MgNi$_{19}$储氢合金性能的影响。

④ 研究合金制备方法退火处理对 A$_5$B$_{19}$系储氢合金的影响,其中退火处理从退火温度和退火时间两个参数进行优化。

⑤ 结合优化后的退火处理条件,采用 Co 元素对 B 侧合金进行成分优化。

⑥ 研究快速凝固处理对 A$_5$B$_{19}$型储氢合金的影响,快速凝固处理采用的冷却速度以铜辊的线速度来表示,从 10 m/s 到 25 m/s。

⑦ 分析测试环境,如测试温度、电解液等测试条件对合金电化学性能的影响。

第 2 章　实验及研究方法

　　稀土 – 镁 – 镍基储氢合金具有较高的储氢容量和良好的电化学储氢性能,可用于 Ni-MH 电池的负极材料,备受人们的关注。从目前国内外有关的研究来看,稀土 – 镁 – 镍基储氢合金存在的主要问题:该系合金存在多种相结构,容易相互转化,加上 Mg 的易挥发性,更是增加了合金的制备难度,导致常规研究条件下同一合金也难以获得一致的结果。为了降低熔炼过程中 Mg 元素的挥发,使冶炼过程更可控,本书以应用前景较好的 A_5B_{19} 型 La-Mg-Ni 系储氢合金为研究对象,采用中间合金(La-Ni,La-Mg,Mg-Ni)替代单质 La和 Mg,并以逐步升降温的熔炼方式在气体保护磁悬浮炉中熔炼合金,可使制备合金中的 Mg 含量更加准确。在此基础上,设计用不同种类的元素分别部分替代 La_4MgNi_{19} 储氢合金 A 侧、B 侧元素,对其进行成分优化。随后,设计退火处理和快速凝固制度,研究其对合金性能的影响。最后,研究测试环境改变对合金性能的影响。

2.1　中间合金的选择及制备

　　根据 La_4MgNi_{19} 化学式和合金相图指导,设计如下中间合金:$Mg_2Ni + La_4Ni_{18.5}$、$MgNi_2 + La_4Ni_{17}$、$MgLa + La_3Ni_{19}$、$Mg_3La + LaNi_x$。为保证基本相的均匀性以方便比较,同时对该系列合金进行800 ℃退火保温 8 h,从相结构、活化性能、最大放电容量、放电平台特性、高倍率放电性能等数据,分析比较采用不同中间合金熔炼出的 La-Mg-Ni 合金的优劣。

　　考虑一定的烧损率(表 2-1),合金样品按设计成分配料,在氩气保护磁悬浮炉中熔炼四组 70 g 样品。为保证合金成分的均匀和减少 Mg 的过度挥发,每个合金样品均翻身重熔 3 次。熔炼后的样品经砂纸打磨去除氧化皮后待用。

表 2-1　原材料的烧损率　　　　　　　　　　　　　　　　%

中间合金	元素		
	La	Mg	Ni
$Mg_2Ni + La_4Ni_{18.5}$	1	15	0
$MgNi_2 + La_4Ni_{17}$	1	15	0
$MgLa + La_3Ni_{19}$	1	15	0
$Mg_3La + LaNi_x$	1	20	0

2.2　储氢合金的设计与制备

① 首先根据 2.1 的冶炼条件设计 La_4MgNi_{19} 储氢合金,对其腐蚀机理进行研究。

② 随后用 Co、Al、Mn、Fe 等元素部分替代 Ni,对 B 侧元素进行成分优化,研究其对合金性能的影响。

③ 随后用 Ce 部分替代 La,改变 La/Mg 来对 A 侧元素进行成分优化,研究其对合金性能的影响。

④ 研究制备方法退火处理和快速凝固对合金相结构的影响。

快凝速度分别为 0(铸态),10,15,20,25 m/s;

退火温度根据实验结果和参考文献一步步调整,退火温度为 1073～1223 K,保温时间均为 4～16 h。

⑤ 研究测试温度、电解液浓度等测试环境对合金性能的影响。

2.3　储氢合金组织结构分析

（1）常规 XRD 分析

对储氢合金的相结构采用 X 射线粉末衍射（XRD）方法分析，合金粉末的粒度为 320 目。衍射仪为 Rigaku D/max 2500/PC，测试时采用 CuK_α 辐射，以阶梯扫描采样，扫描阶宽为 $2\theta = 0.02°$。

合金的晶格常数根据 XRD 谱上各衍射峰的晶面常数和晶面间距来计算。对于立方结构（如 $ZrNi_5$ 相），其晶格常数 a 根据下式计算：

$$\frac{1}{d^2} = \frac{h^2 + k^2 + l^2}{a^2} \tag{2-1}$$

式中，d 为晶面间距；(hkl) 为相应晶面间距的晶面指数。而对六方结构，其晶格常数 a 和 c 根据下式计算：

$$\frac{1}{d^2} = \frac{4}{3}(h^2 + hk + k^2)/a^2 + l^2/c^2 \tag{2-2}$$

（2）Rietveld 全谱拟合分析

Rietveld 全谱拟合分析的数据在 Rigaku D/max 2500/PC 衍射仪上以阶梯扫描方式采样，阶梯扫描的阶宽为 $0.02°$（2θ 角），每个阶梯停留时间为 $1 \sim 2$ s，2θ 角的范围为 $18° \sim 85°$，CuK_α 辐射，功率为 40 kV $\times 30$ mA。使用 Rietica 1.9.9 软件分析结果，当用 Rietveld 全谱拟合分析储氢合金的晶体结构及相丰度时，全谱拟合结果的可信度可用 R 因子判断，常用 R 因子有下列数种定义：

$$R_{wp} = \left[\sum_i W_i (Y_{i0} - Y_{ic})/ \sum_i W_i Y_{io}^2 \right]^{1/2}$$

$$R_p = \sum_i |Y_{i0} - Y_{ic}| / \sum_i Y_{i0}$$

$$R_B = R_I = \sum_k |I_{ko} - I_{kc}| / \sum I_{ko}$$

$$R_{exp} = \left[(N - P)/ \sum_i W_i Y_{io} \right]^{1/2}$$

$$\chi^2 = \sum_i W_i (Y_{io} - Y_{ic})^2/(N - P) = (R_{wp}/R_{exp})^2$$

以上各式中,Y_{i0}表示实测的衍射强度;Y_{ic}表示计算的衍射强度;W_i为统计权重因子;I_{k0}表示衍射峰 k 的实测积分强度;I_{kc}表示衍射峰的计算积分强度;N 为衍射谱数据点的数目;P 为拟合中的可变参数的数目;R_B 为布拉格因子;R_{exp} 为预期 R 指标;χ^2 为拟合度。

在以上各项指标中,通常以全图权重因子 R_{wp} 和拟合度 χ^2 判定拟合结果的可靠性,当拟合度 χ^2 的数值为 1.0 ~ 9.0 时,认为拟合结果是可信的。

(3) 原位 XRD 分析

采用 PTFE 溶液和炭黑作为黏结剂和导电剂制备原位 XRD 分析电极,合金氢化物试样采用电化学充氢的方法制备。具体如下:将合金粉与少量的乙炔黑及适量的 4% PTFE 溶液混合均匀后涂在泡沫镍表面,真空干燥后压平并点焊上镍带后作为合金电极。将该电极放入三电极系统中作为负极,在 50 mA/g 的电流下进行活化,活化好后再充氢至饱和,然后取出并吸干碱液供 XRD 分析。为避免氢化物样品中所吸的氢在转移及测试过程中逸出,氢化物样品脱离碱液后立即在表面涂上一层油脂或凡士林。

(4) 金相组织形貌分析

将合金样品冷镶、粗磨、抛光后,使用 5wt% 的硝酸酒精腐蚀 10 ~ 15 s,随后在超景深显微镜下对合金的金相组织及形貌进行观察和分析。铸态和退火态合金试样采用块状样品,快速凝固合金试样采用薄带样品。

(5) 微观组织及能谱分析

将合金样品冷镶、粗磨、抛光后,不腐蚀直接使用 SEM 扫描电镜进行 BSE 背散射及 EDS 能谱测试,观察合金的相分布及其各相的成分和化学计量比。

采用 SEM 对合金电极片循环后的形貌进行观察。先将循环后的电极片泡在清水中清洗干净后沥干,置于真空干燥皿中脱水汽,再放于扫描电镜中直接观察形貌。

2.4　储氢合金电化学性能测试方法

2.4.1　储氢合金电极的制备

首先将块状储氢合金机械粉碎至 320 目。储氢合金电极采用压 Ni 粉电极。将 100 mg 粒度为 320 目的储氢合金粉末与 INCOL305 镍粉（镍粉直径为 3～5 μm）按质量比 1∶4 的比例混合均匀后，装入钢模，在 18 MPa 压力下制成直径 10 mm 的薄片。将试样去除毛边后称重，然后按合金粉与 INCOL305 镍粉的比例计算出样品内实际储氢合金含量。将制备好的薄片试样用泡沫 Ni 两面夹紧并在试样周围点焊，以保持良好接触，最后在开口三电极系统中进行电化学测量。

2.4.2　电化学测试装置

本书中所有合金的电化学性能测试均在 H 型开口玻璃三电极系统中进行（图 2-1）。其中 MH 研究电极为储氢合金电极，辅助电极为高容量的涂膏式氢氧化镍电极（Ni(OH)$_2$/NiOOH），参比电极为 Hg/HgO，电解液为 6 mol/L KOH。在正极与负极之间设置隔膜，以防止正极上产生的氧气扩散到储氢合金表面。电极系统置于恒温水浴中，测试温度为 25 ℃。

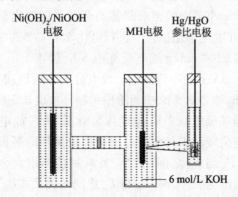

图 2-1　常规 H 形玻璃三电极电解池系统示意图

储氢合金电极的电化学性能测试采用恒电流充放电方法进

行,测试仪器为 Land 恒电流恒电压测试仪,测试过程由计算机监控,并自动采集测试结果。

2.4.3 电化学性能测试方法

储氢合金电化学性能的主要评价指标有 3 个,分别是最大放电容量、高倍率放电性能和循环寿命。测试过程以完全充放电为标准,比如 La-Mg-Ni 系储氢合金的最大放电容量约为 400 mA·h/g,当充电电流为 100 mA/g 时,需充电 4 h。考虑到电流转换效率,为保证完全充满,一般过充 20%。当放电电压相对参比电极低于 0.7 V 时,已远低于一般合金的平台电压,可认为已充分放电。此外,为充分分析储氢合金的热力学和动力学性能,还测试了合金电极的 *P-C-T* 曲线、线性极化及阶跃曲线。具体制度如下:

(1) 活化性能和最大放电容量

合金电极的充电过程采用的充电制度如下:充电电流 100 mA/g,充电时间 4.5 h。充电结束后静置 5 min,待合金电极电位稳定后开始放电过程。放电电流为 60 mA/g,放电截止电位为 -0.7 V(*v. s.* Hg/HgO)。在合金电极的放电容量达到最大值时,认为该合金已达到完全活化状态(活化次数用 N_a 表示),并以此时合金电极的放电容量为合金的最大放电容量 C_{max}。

(2) 电化学 *P-C-T* 测试

按照 2.4.1 小节中的要求制备的合金电极活化至最大容量后即开始在 Land 电化学测试仪上进行电化学 *P-C-T* 曲线的测定。测试制度如下:以 100 mA/g 的电流充电 5 h,静置 1 h。待电极电位稳定后,以 30 mA/g 的电流放电。放电分 3 个阶段:起始阶段每循环放电 0.25 h,静置 0.5 h,中间阶段每循环放电 0.5 h,静置 0.5 h,最后阶段每循环放电 0.2 h,静置 0.5 h。每阶段放电的循环次数视合金充放电曲线的平台而定。记录每次循环的平衡电位和放电容量后,通过 P_{eq} 与 E_{eq} 之间的对应关系间接测出合金的 *P-C-T* 曲线。当测试温度为 25 ℃时,P_{eq} 与 E_{eq} 之间的关系式如下:

$$E = -0.93045 - 0.029547 \log P_{H_2} \tag{2-3}$$

（3）高倍率放电性能

电极完全活化之后，在 100 mA/g 的电流下将合金电极充电 4.5 h，然后静置 0.5 h。放电过程分别采用 d(300,600,900 mA/g) 的电流，放电至截止电位 -0.7 V($v.s.$ Hg/HgO)，此时的放电容量表示为 C_d（d 为此时的放电电流）。静置 5 min 后，再以 60 mA/g 的电流，放电至截止电位 -0.70 V（$v.s.$ Hg/HgO），此时获得的放电容量记为 C_{60}。当以 d 电流进行放电时，合金电极的高倍率性能 HRD_d，以公式（2-4）表征：

$$HRD_d = \frac{C_d}{C_d + C_{60}} \times 100\% \qquad (2\text{-}4)$$

（4）循环稳定性

将活化后的合金反复进行充放电循环以测试合金电极的循环稳定性。采用的放电制度如下：充放电电流大小均为 300 mA/g，合金电极先充电 1.2 h，然后静置 5 min，再放电至截止电位 -0.7 V（$v.s.$ Hg/HgO）。每隔 49 次充放电循环，采用 100 mA/g 电流充电，60 mA/g 电流放电进行一次充放电测试，以确定合金电极放电容量的变化。研究表明，采用这种办法获得的循环稳定性曲线，与完全小电流充放电相近，但可节省大量测试时间。

合金电极在第 n 次充放电过后所具有的容量保持率 S_n 可通过公式（2-5）计算：

$$S_n = \frac{C_n}{C_{\max}} \times 100\% \qquad (2\text{-}5)$$

式中，$C_{\max}$ 为合金电极的最大放电容量；C_n 为第 n 个完全充放电循环时的容量。

（5）交换电流密度

将充分活化后的合金电极充满电后，放电到 50% DOD（半满充）状态，静置 10 min，利用 CS-310 电化学工作站进行线性极化测试，电位从 -5 mV（对开路电位）线性扫描到 5 mV（对开路电位），扫描速度为 0.1 mV/s。对所得的曲线进行线性拟合，求出曲线的斜率，根据关系式（2-6）即可求出合金电极的交换电流密度：

$$I_0 = \left(\frac{RT}{F}\right) \cdot \left(\frac{I}{\eta}\right)_{\eta \to 0} \qquad (2\text{-}6)$$

式中，R 为气体常数；T 为温度；F 为法拉第常数；I 为电流；η 为过电位；I/η 可通过线性极化曲线的斜率求得。

（6）交流阻抗测试

研究表明，合金电极的交流阻抗图谱由三部分组成，分别是高频区的小半圆、中低频区的大半圆和低频区的斜线；储氢合金电极的等效电路如图 2-2 所示。研究认为，R_1 为溶液电阻，R_2、Q_2（合金电极高频区的小半圆）主要反映合金电极颗粒之间及合金颗粒与导电剂、集流器之间的接触阻抗，R_4、Q_4（中低频区的大半圆）反映了合金电极表面的电化学反应阻抗，R_3、Q_3 为合金颗粒之间及合金颗粒与黏结金属之间的接触电阻和电容（对应于两个半圆之间隐藏的小半圆），而 W_4（低频区的斜线）则反映了合金相体内氢的扩散阻抗（即氢从合金内部扩散至合金表面的阻抗）。按此等效电路图，在 Corrware 分析软件进行拟合，可获得 R_4，即合金电极表面的电化学反应阻抗。

具体测试制度如下：合金电极充分活化后，在放电深度 50% DOD 状态下静置 10 min，CS－310 电化学工作站进行交流阻抗测试。测试中扰动信号为 5 mV 正弦电压信号，频率从 100 kHz 到 5 mHz 递减。

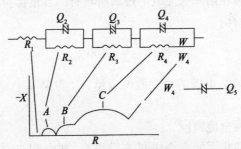

图 2-2　储氢合金电极的等效电路

（7）阳极极化

合金电极活化后，在 DOD＝50% 的状态下静置一段时间，待电极电位稳定后测定阳极极化曲线。采用的仪器为 CS－310 电化学测试平台,测试标准如下:电位以 5 mV/s 的速度从 0 V 扫描到 1.5 V(相对开路电位)。合金电极的极限电流密度 I_L(mA/g)就是阳极极化曲线的峰值电流密度。

(8)恒电位阶跃

合金电极充分活化后,在满充的状态下,静置 10 min,利用 CS – 310 电化学工作站进行恒电位阶跃测试。阶跃电压为 +600 mV,阶跃时间为 2000 ~ 5000 s。

利用恒电位阶跃曲线可以测定电极合金中氢的扩散速率。图 2-3 为一典型的恒电位阶跃曲线($\log i - t$),图中合金电极的电流 – 时间响应可以分为两个阶段:当开始进行阶跃时,由于氢在合金表面快速消耗,氢的氧化电流快速下降,在随后的第二个阶段,电流下降的速度变慢,$\log i$ 与时间 t 基本呈直线关系,由于合金块体内部氢的提供是与合金内部氢的浓度梯度成正比的,因此在这个阶段,合金电极的电流是受合金体内氢的扩散控制的。Zheng 认为,在经过较长时间的阶跃后,扩散电流与时间的关系可以由如下关系式描述:

$$\log i = \log\left(\frac{6FD(C_0 - C_s)}{da^2}\right) - \left(\frac{\pi^2}{2.303}\right)\left(\frac{D}{a^2}\right)t \qquad (2\text{-}7)$$

式中,D 是氢扩散系数,cm^2/s;d 为储氢合金密度,g/cm^3;a 是合金颗粒半径,cm;C_0 为合金电极体内初始氢浓度,mol/cm^3;C_s 为合金颗粒表面的氢浓度,mol/cm^3;t 为放电时间,s。

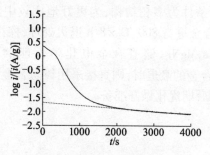

图 2-3　储氢合金电极 +600 mV 阶跃后阳极电流 – 时间的响应曲线

第3章 La₄MgNi₁₉储氢合金的制备及腐蚀机理研究

第3章 La_4MgNi_{19} 储氢合金的制备及腐蚀机
理研究

随着社会对清洁能源利用需求的增大,新能源汽车越来越受到关注,对大功率用动力电池性能和安全的需求也日益提高。因此,作为大功率用镍氢二次电池的负极材料,储氢合金一直是材料研究工作者的热点之一。目前,商业化应用的 AB_5 型储氢合金因受 $CaCu_5$ 型结构的限制,已接近理论容量极限,难以满足 Ni-MH 二次电池进一步提高能量密度的要求。最近的研究表明,La-Mg-Ni 系 A_5B_{19} 型储氢合金的放电容量较好,该合金还具有良好的活化性能和高倍率放电性能,但其循环稳定性较差。影响 La_4MgNi_{19} 储氢合金放电性能的一个很重要因素就是镁的含量,Mg 在冶炼和热处理过程中容易挥发,导致合金的化学计量比发生变化,从而影响合金的相结构和电化学放电性能。为减少 Mg 不稳定挥发对研究带来的干扰,本章以二元合金相图为指导,设计了 $Mg_2Ni + La_4Ni_{18.5}$、$MgNi_2 + La_4Ni_{17}$、$MgLa + La_3Ni_{19}$、$Mg_3La + LaNi_x$ 中间合金组合来冶炼合金,以寻求最优的冶炼条件。此外,由于 La_4MgNi_{19} 相较难形成,一般的冶炼条件为多相结构,为更好地比较中间合金的影响,统一对获得的合金进行 800 ℃ ×8 h 退火处理,探讨不同中间合金冶炼制备对 La_4MgNi_{19} 储氢合金电化学性能的影响。在研究 La_4MgNi_{19} 储氢合金的衰退时,则直接采用铸态合金,可更快更有效地发现原因,为后期优化做好准备。

3.1　不同中间合金制备方法对合金性能的影响

3.1.1　XRD 分析

图 3-1 为不同中间合金制备的 La_4MgNi_{19} 合金的 XRD 图谱。从图中可以看出,在 $2\theta = 45°$ 附近有两个靠在一起的衍射峰,其强度随中间合金的不同而有明显变化,上面两个 XRD 图谱左弱右强,下面两个 XRD 图谱左强右弱。Jade 分析结果表明,合金主要由 $LaNi_5$ 相(六方 $CaCu_5$ 型结构,空间群为 P6/mmm)和 La_4MgNi_{19} 相(六方 Pr_5Co_{19} 型和 Ce_5Co_{19} 型结构,空间群分别为 P63/mmc 和 R$\bar{3}$m)组成,$2\theta = 45°$ 附近左、右两边的衍射峰分别属于 A_5B_{19} 相和 $LaNi_5$ 相,具体结果列于表 3-1。从表 3-1 可以看出,用 Mg_2Ni + $La_4Ni_{18.5}$ 和 $MgNi_2 + La_4Ni_{17}$ 中间合金熔炼的合金,其 A_5B_{19} 相和 La-Ni_5 相的含量以及晶胞参数的数值相近,比另外两种中间合金组合熔炼的波动更小。因此,可以认为,这两种方法熔炼制备 La_4MgNi_{19} 合金比其他两种方法有更好的效果,Mg 的挥发较少。

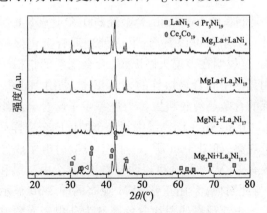

图 3-1　退火态中间合金的 XRD 谱

表 3-1　退火态 La_4MgNi_{19} 合金的晶体结构参数

试样	相	晶体群	相丰度/ wt%	晶胞参数/Å		晶胞体积 V/ Å³
				a	c	
$Mg_2Ni +$ $La_4Ni_{18.5}$	$LaNi_5$	P6/mmm	11.06	5.0231	3.9883	87.15
	Ce_5Co_{19}	R$\overline{3}$m	50.16	5.0226	48.2491	1054.10
	Pr_5Co_{19}	P63/mmc	38.78	5.0257	32.3637	707.92
$MgNi_2 +$ La_4Ni_{17}	$LaNi_5$	P6/mmm	8.87	5.0228	3.9888	87.13
	Ce_5Co_{19}	R$\overline{3}$m	54.75	5.0214	48.2491	1053.61
	Pr_5Co_{19}	P63/mmc	36.39	5.02855	32.3462	708.34
$MgLa +$ La_3Ni_{19}	$LaNi_5$	P6/mmm	31.39	5.0245	3.9941	87.32
	Ce_5Co_{19}	R$\overline{3}$m	45.05	5.0248	48.1523	1052.88
	Pr_5Co_{19}	P63/mmc	23.56	5.0296	32.3037	707.71
$Mg_3La +$ $LaNi_x$	$LaNi_5$	P6/mmm	20.37	5.0628	3.9884	88.54
	Ce_5Co_{19}	R$\overline{3}$m	58.03	5.0277	48.4088	1059.71
	Pr_5Co_{19}	P63/mmc	21.60	5.0438	32.2859	711.32

3.1.2　显微结构

图 3-2 是制备的 La_4MgNi_{19} 合金经 800 ℃退火 8 h 后的金相显微组织照片。从图中可以看出,退火处理后合金仍保持了典型的树枝晶结构,这说明在该退火制度下,合金元素的扩散未能充分进行。与采用其他中间合金熔炼的合金相比,采用 $MgLa + La_3Ni_{19}$ 中间合金熔炼的合金晶粒较粗大。为进一步了解合金组织的分布情况,选取图 3-2b $MgNi_2 + La_4Ni_{17}$ 中间合金熔炼的合金样品进行 SEM 背散射电子观察,如图 3-3a 所示。由于背散射电子成像与合金相的原子序数有关,从图 3-3a 可以明显看出,合金由灰黑和灰白两种区域组成,与此对照,采用正常 SEM 观察的图 3-3b 显示的区域颜色刚好相反。正常观察的图片白色区域为凸出表面耐腐蚀性好的合金相。为确定两相的成分,对图 3-3a 放大,选择不同区域进行 EDS 成分分析,结果如图 3-4 所示。根据 EDS 分析结果可以看出,灰白色区域含有 Mg 元素,经计算元素原子比为 $La_{4.29}MgNi_{17.52}$,考虑到实验误差,结合 XRD 分析结果和正常 SEM 观察照片,可以判

定该区为易腐蚀的 La_4MgNi_{19} 相。同理,计算图 3-4b 和图 3-4c 中的暗灰色区域,其元素原子比相似,约为 $LaNi_{4.5}$,可以判定树枝状耐腐蚀相为 $CaCu_5$ 型的 $LaNi_5$ 相。这可能是因为 $LaNi_5$ 相的熔点较高,在熔炼凝固的过程中先结晶析出,形成树枝状晶体结构,产生成分偏析。图 3-2c 中的深黑色小点为 $LaNi_5$ 相中的气泡或者小坑。此外,从图 3-2 还可看出,图 3-2c 的灰白区域较图 3-2a,b,d 都多,说明 $LaNi_5$ 相较多,这与 XRD 分析结果一致。

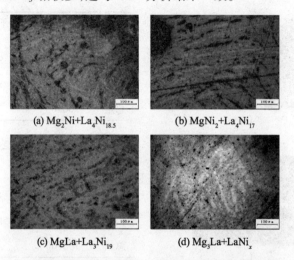

(a) $Mg_2Ni+La_4Ni_{18.5}$　　　　(b) $MgNi_2+La_4Ni_{17}$

(c) $MgLa+La_3Ni_{19}$　　　　(d) $Mg_3La+LaNi_x$

图 3-2　不同中间合金制备的 La_4MgNi_{19} 合金显微组织(200 ×)

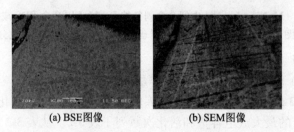

(a) BSE图像　　　　(b) SEM图像

图 3-3　$MgNi_2 + La_4Ni_{17}$ 中间合金制备的 La_4MgNi_{19} 合金的 SEM 观察

(a)

元素	质量百分比/%	原子百分比/%
Mg K	1.47	4.38
Ni K	62.42	76.84
La L	36.11	18.79
总量	100.00	

(b)

元素	质量百分比/%	原子百分比/%
Ni K	66.01	82.13
La L	33.99	17.87
总量	100.00	

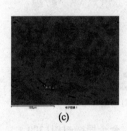
(c)

元素	质量百分比/%	原子百分比/%
Ni K	65.40	81.73
La L	34.60	18.27
总量	100.00	

图 3-4 MgNi₂ + La₄Ni₁₇中间合金制备的 La₄MgNi₁₉合金 EDS 成分分析
（左侧图为电子图像，右侧表格为对应左侧图中标注点的元素成分含量）

3.1.3 电化学性能

（1）活化性能和最大放电容量

图 3-5 为不同中间合金熔炼的 La₄MgNi₁₉合金的活化性能曲线，合金的最大放电容量和活化次数列于表 3-2。从表 3-2 和图 3-5 可以看出，初始放电容量和最大放电容量以 MgNi₂ + La₄Ni₁₇熔炼的合金最高，最大放电容量达到 372.6 mA·h/g，Mg₂Ni + La₄Ni₁₈.₅熔炼的合金次之，活化曲线与其非常相近，也有 369.1 mA·h/g，另外两种合金活化性能稍差，最大放电容量也更低，分别为 359.8 mA·h/g

和 350.9 mA·h/g。已有研究表明，A_5B_{19}相的储氢量比 $LaNi_5$ 相约高 30%，结合前述 XRD 分析结果可知，因为 $MgNi_2 + La_4Ni_{17}$熔炼的合金中 Mg 的挥发较少，合金中 A_5B_{19}相含量较高，必然导致电化学放电容量的提升。

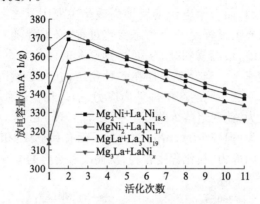

图 3-5　合金在 298 K 时的活化性能曲线

表 3-2　中间合金退火态的最大放电容量和活化性能

中间合金材料	$Mg_2Ni + La_4Ni_{18.5}$	$MgNi_2 + La_4Ni_{17}$	$MgLa + La_3Ni_{19}$	$Mg_3La + LaNi_x$
活化次数(N_a)	2	2	3	3
最大放电容量 $C_{max}/(mA·h/g)$	369.1	372.6	359.8	350.9

（2）循环稳定性

由于未优化的 La_4MgNi_{19}合金的循环稳定性较差，所以本次实验只进行 80 次充放电循环，即可说明问题。图 3-6 为不同中间合金熔炼的 La_4MgNi_{19}合金电极的循环曲线。由图可以看出，合金循环过程中的放电容量的变化趋势也出现了两两相似，与活化性能一样。根据公式(2-5)，分别将 80 次循环获得的放电容量除以各自的最大放电容量，可得到 80 次循环后的容量保持率 S_{80}，列于表 3-3。由表可以看出，前两组熔炼的 La_4MgNi_{19}合金显示了更好的循环稳定性，S_{80}约有 70%，而后两组 S_{80}只有约 60%。由前面显微结构分析可知,LaNi₅ 相比含 Mg 的 A₅B₁₉相的耐腐蚀性要好,而 XRD 分析结果表明,前两组熔炼的合金中,A₅B₁₉相含量更高。因此,单从相的耐腐蚀性角度分析,前两组的循环寿命应该更差一些,与实验结果不符。研究表明,合金电极的失效是循环稳定性下降的根本原因,而合金电极的腐蚀失效是主要因素之一。由于合金电极的吸放氢过程是一个动态变化过程,必然伴随着晶格的反复膨胀和收缩,很容易粉化,从而暴露更大的面积与电解液接触,加快了腐蚀速度。当合金中存在多种相结构时,必然因吸放氢膨胀率和收缩率的不同而产生额外内应力,加速粉化进程。因此,综合分析后认为,前两组熔炼的合金中,尽管 LaNi₅ 相与 A₅B₁₉相的吸氢量相差较大,但较少的 LaNi₅ 相含量反而有利于减少因膨胀率不同而产生的内应力,粉化程度较轻,从而改善合金的循环稳定性。

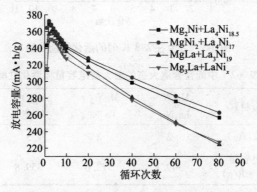

图 3-6　各合金电极在 298 K 时的循环寿命曲线

表 3-3　各合金电极在 80 次循环时的循环寿命

中间合金	$Mg_2Ni + La_4Ni_{18.5}$	$MgNi_2 + La_4Ni_{17}$	$MgLa + La_3Ni_{19}$	$Mg_3La + LaNi_x$
循环寿命 $S_{80}/\%$	69.49	70.47	62.30	64.68

（3）高倍率放电性能

表 3-4 列出了不同中间合金熔炼的 La_4MgNi_{19}合金电极的高倍率放电性能数据。从表 3-4 可以看出,不同中间合金熔炼的 La_4MgNi_{19}合金的高倍率放电性能相差不大,随着放电电流的增加,

合金电极的高倍率放电性能有所下降,符合合金电极的一般实验规律。当放电电流达到 900 mA/g 时,高倍率放电性能 HRD$_{900}$ 也均能保持在 91% 以上,显示了该合金良好的高倍率放电性能。这一结果说明,合金中相结构的变化还未足以引起高倍率放电性能发生大的改变。

表 3-4 退火态中间合金电极的高倍率放电性能(298 K)

中间合金	Mg$_2$Ni + La$_4$Ni$_{18.5}$	MgNi$_2$ + La$_4$Ni$_{17}$	MgLa + La$_3$Ni$_{19}$	Mg$_3$La + LaNi$_x$
HRD$_{300}$	98.55	98.89	99.49	99.17
HRD$_{600}$	95.09	95.86	97.51	96.37
HRD$_{900}$	91.21	93.23	94.64	93.01

3.1.4 本节小结

本节分别采用 Mg$_2$Ni + La$_4$Ni$_{18.5}$、MgNi$_2$ + La$_4$Ni$_{17}$、MgLa + La$_3$Ni$_{19}$、Mg$_3$La + LaNi$_x$ 等中间合金组合冶炼 La$_4$MgNi$_{19}$ 合金,并研究其的性能,实验结果总结如下:

① 退火态不同中间合金熔炼的 La$_4$MgNi$_{19}$ 合金均由 LaNi$_5$ 相(六方 CaCu$_5$ 型结构)和 La$_4$MgNi$_{19}$ 相(六方 Pr$_5$Co$_{19}$ 型和 Ce$_5$Co$_{19}$ 型结构)组成,采用 MgNi$_2$ + La$_4$Ni$_{17}$ 和 Mg$_2$Ni + La$_4$Ni$_{18.5}$ 中间合金组合熔炼制备的 La$_4$MgNi$_{19}$ 合金比另外两种方法有更好的效果,Mg 的挥发较少,La$_4$MgNi$_{19}$ 相含量高。

② 显微组织观察显示,合金退火后仍保持了较粗大的树枝晶结构,MgNi$_2$ + La$_4$Ni$_{17}$ 和 Mg$_2$Ni + La$_4$Ni$_{18.5}$ 中间合金组合熔炼制备的 La$_4$MgNi$_{19}$ 合金显示了更细的晶粒大小。结合 XRD 分析结果和 SEM、EDS 观察结果,分析后认为 LaNi$_5$ 相的耐腐蚀性比 La$_4$MgNi$_{19}$ 相好。

③ 电化学性能测试表明,所有合金高倍率放电性能优秀,即使是 HRD$_{900}$ 也均能达到 91% 以上。含有较高 A$_5$B$_{19}$ 相含量的合金,即用 MgNi$_2$ + La$_4$Ni$_{17}$ 和 Mg$_2$Ni + La$_4$Ni$_{18.5}$ 中间合金组合熔炼制备的 La$_4$MgNi$_{19}$ 合金,显示了更优的综合电化学性能,即较好的活化性能(2 次),最大放电容量为 372.6 mA·h/g,以及更好的循环稳定性。

研究认为,循环稳定性的差异来自于两相吸放氢膨胀率不同所产生的额外内应力,从而引起粉化程度加速所致。

④ 综合研究结果认为,从最大放电容量、活化性能、循环寿命及高倍率放电性能相比较,在上述四种中间合金制备的 La_4MgNi_{19} 合金中, $MgNi_2 + La_4Ni_{17}$ 中间合金组合制备的 La_4MgNi_{19} 合金显示的综合性能最好。

3.2 La_4MgNi_{19} 合金性能衰退的探讨

根据上节结果,选取退火态合金性能较优的 $MgNi_2 + La_4Ni_{17}$ 中间合金组合制备 La_4MgNi_{19} 合金,直接研究其铸态性能的变化。

3.2.1 XRD 结果分析

图 3-7 是铸态 La_4MgNi_{19} 合金颗粒的扫描 XRD 图谱。从图中可以看出,合金仍由 $LaNi_5$ 相和 La_4MgNi_{19} 相组成,衍射峰较尖锐,表明结晶度较好。虽然两相存在部分衍射峰叠加,但从衍射峰强度来看,合金仍以 AB_5 相为主相。

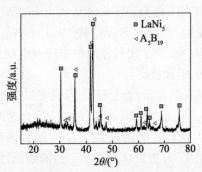

图 3-7　铸态 La_4NiMg_{19} 合金的 XRD 图谱

3.2.2 电化学性能分析

表 3-5 列出了 La_4MgNi_{19} 合金电极的各项电化学性能测试结果。从表中可以看出,与退火态合金相比,铸态合金的最大放电容量和循环稳定性有明显下降,最大放电容量只有 322.5 mA · h/g,

60 次循环后的容量保持率 S_{60} 减少了 7%。而活化性能和高倍率放电性能则稍有降低,这可能是由于退火态合金的成分分布更均匀,含有更多的 A_5B_{19} 相所致。

表 3-5　La₄MgNi₁₉合金电极的各项电化学性能

试样	最大放电容量/(mA·h/g)	活化次数 N_a	循环寿命 S_{60}/%	高倍率放电性能 HRD/%		
				300 mA/g	600 mA/g	900 mA/g
铸态	322.5	3	68.1	98.43	95.22	92.33
退火态	372.6	2	75.8	98.89	95.86	93.23

图 3-8 显示了铸态与退火态 La₄MgNi₁₉合金的循环曲线。从图中可以看出,铸态合金的放电容量循环衰退曲线明显大于退火态合金,这说明铸态合金的循环稳定性并未因更耐腐蚀的 LaNi₅ 相的增多而提高,反而加速衰退,除了退火态合金的成分更均匀外,可能还与应力及粉化情况有关。

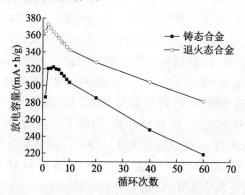

图 3-8　铸态与退火态 La₄MgNi₁₉合金的循环曲线

3.2.3　合金的腐蚀机理

为了进一步研究 La₄MgNi₁₉合金在循环过程中的吸氢变化以及粉化腐蚀特征,分别采用 XRD 分析吸放氢循环过程中晶体结构变化,使用 Philips-XL30 型扫描电镜对不同循环次数(0~52 次循环)后的形貌进行 SEM 观察分析。

（1）合金吸氢过程中的晶体结构变化

图 3-9 为 La$_4$MgNi$_{19}$合金 8 次循环后在不同充氢状态的原位 XRD 扫描图谱。从图中可以看出，8 次循环后，合金的衍射峰已发生明显宽化，A$_5$B$_{19}$相几乎已经被 LaNi$_5$ 相的衍射峰掩盖。随着充氢量的增加，即在半充状态下，合金的 XRD 图谱出现了 LaNi$_5$H$_x$ 相，其衍射峰明显左移，表明合金吸氢后，晶胞参数明显增大，吸氢体积膨胀严重，但晶体结构并未发生改变。当吸氢量进一步增加，即在满充状态下，LaNi$_5$H$_x$ 相明显增多，LaNi$_5$ 相随之减少，但仍有存在，这可能是因为部分合金颗粒被 PTFE 黏结剂完全包覆或未与集电极导通，不能参与电化学反应。对 XRD 图谱进行分析并计算，结果列于表3-6。从表中可以看出，LaNi$_5$H$_x$ 相的 a 轴和 c 轴明显增大，a 轴的膨胀率达到了 7.01%，c 轴的膨胀率达到了 7.89%，体积膨胀率（$\triangle V/V$）达到了 23.5%。

（2）合金不同循环次数的晶体结构变化

图 3-10 为 La$_4$MgNi$_{19}$合金颗粒不同循环次数的 XRD 图谱。从图中可以看出，多次充放电循环后，合金电极的衍射峰强度有所下降，并明显宽化，这可能与合金颗粒粉化或吸放氢过程中产生的应力等有关。此外，随着循环次数的增多，LaNi$_5$ 相和 La$_4$MgNi$_{19}$相叠加的（020）衍射峰相对（111）晶面的衍射峰明显降低，表明 La$_4$MgNi$_{19}$相逐步减少，并掩盖在与 LaNi$_5$ 相相近的宽化衍射峰下。从图 3-10 中还可看出，16 次循环后，出现了新相，通过 JADES 软件分析，初步判断为 La 的腐蚀产物 La(OH)$_3$，而未发现有 Mg 元素的氧化产物，可能是因为量少或溶入溶液。在 8 次和 16 次循环 $2\theta = 21°$ 的位置出现两个未知峰，是为衬底底峰。

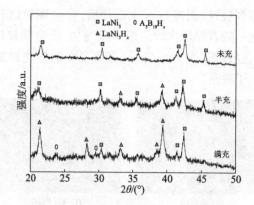

图 3-9　La₄MgNi₁₉合金不同充氢状态的原位 XRD 扫描图谱

表 3-6　La₄NiMg₁₉合金中各相的晶胞参数

试样	相	晶胞参数/Å		晶胞体积/Å³	$\Delta V/V/\%$
		a	c	V	
充满氢	LaNi₅Hₓ	5.3872	4.3043	108.19	23.5
未充氢	AB₅	5.0345	3.9895	87.57	

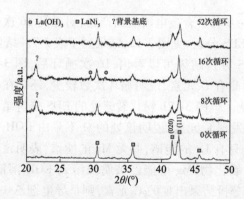

图 3-10　La₄MgNi₁₉合金颗粒不同循环次数的 XRD 图谱

（3）合金不同循环次数的 SEM 观察

图 3-11 为 La₄MgNi₁₉合金在循环前和经 8 次、16 次、52 次循环后的 SEM 形貌照片。从图中可以看出，循环前的合金表面非常光

洁,基本看不到裂纹,而经过 8 次循环后,合金颗粒已开始出现裂缝,发生粉化。随着循环次数的进一步增加,合金颗粒粉化的程度越来越严重,经过 52 次循环之后,合金表面的粉化程度已经非常严重,并发生了脱落。

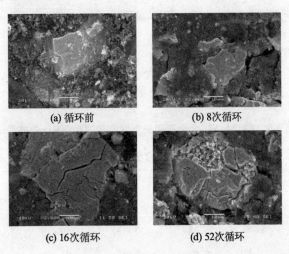

(a) 循环前   (b) 8次循环

(c) 16次循环   (d) 52次循环

图 3-11   La₄MgNi₁₉合金电极循环不同次数的 SEM 形貌

为了进一步分析合金电极表面产物,对循环 16 次的合金电极进行了表面 EDS 分析,见图 3-12,结果列于表 3-7。结合图 3-12 和表 3-7 的 EDS 分析结果可以看出,16 次循环后,图 3-12a 结果正常,EDS 未检测有 O 元素,说明循环次数较少,还未在合金表面覆盖一层氧化物。但图 3-12b 粉化裂缝处的 EDS 分析结果却发现了 O 元素,但未发现 K 元素,说明该处的 O 不是由 KOH 等杂质引入的,同时该处只有 La 的能谱,并无 Mg 的能谱,表明该处产生的氧化物为 La 的氧化物,Mg 可能已被腐蚀溶入 KOH 溶液。此外,图 3-12b 中EDS 分析结果出现的 C 元素,则是导电剂乙炔黑所致。综合分析后认为,La₄NiMg₁₉合金容量衰退的主要原因是合金较大的吸氢体积膨胀率导致的严重粉化甚至是脱落,引起腐蚀加速。随着循环次数的增加,吸氢膨胀产生的应力因前期循环粉化而得到缓解和释放,放电容量衰退缓慢,此时主要受合金抗腐蚀性能的影响。

(a) 合金颗粒表面的EDS分析　　　(b) 合金颗粒裂纹处EDS分析

图 3-12　La₄NiMg₁₉合金循环 16 次后合金颗粒能谱分析图

表 3-7　图 3-12 中的 EDS 成分分析

图 3-12EDS 分析	元素质量百分比/%					总量/%
	La L	Ni K	Mg K	C K	O K	
选点(a)	36.55	61.60	1.85			100
选点(b)	21.50	47.69		27.65	3.16	100

3.2.4　本节小结

本节研究了铸态 La₄MgNi₁₉合金的电化学性能及相关腐蚀机理,实验结果总结如下:

① 铸态合金由 LaNi₅ 相和 La₄MgNi₁₉相组成,并以 LaNi₅ 相为主。在充放电循环过程中,合金吸氢膨胀率较大,达到了 23.5%,但仍保持了原有的晶体结构。多次循环后,合金的衍射峰发生明显宽化,但未发生非晶化。

② SEM 和 EDS 分析表明,合金电极在 16 次循环后,已出现 La 的氢氧化物,而 Mg 的耐蚀性较差,可能溶入 KOH 溶液。循环次数越多,粉化越严重,52 次循环后甚至出现了粉化脱落现象。

③ 研究认为,合金电极前期容量衰退主要受循环吸氢膨胀粉化影响,后期循环衰退则主要与合金的抗腐蚀性有关。

第4章 La_4MgNi_{19} 储氢合金 B 侧成分设计及优化

目前,在储氢合金的研究中,对合金 A、B 两侧的元素进行成分优化是提高储氢合金最有效的方法之一。研究结果表明,合金元素在不同合金系中的作用并非完全一致,有些研究成果甚至相互矛盾,这可能与实验条件、合金成分的多少及其相互作用有关。尽管如此,总结不同元素合金化对合金性能的影响规律,仍具有较好的借鉴意义。在对合金 B 侧元素合金化的过程中发现,Co、Mn、Al、Fe 等元素的添加能够较好地调整储氢合金的平衡氢压,明显地降低储氢合金电极的吸氢膨胀率,有效地提高合金的抗粉化及抗腐蚀性能,进而提高其循环寿命。然而 La-Mg-Ni 系储氢合金中的相成分较复杂,会有其他不同结果,例如,Zhong 等研究了 B 侧 Co 元素对退火态 La-Mg-Ni 系 $AB_{3.8}$ 合金的作用,发现 Co 元素的增加会使 A_5B_{19} 相的相丰度下降,最高放电容量仅有 261.4 mA·h/g。这与通常意义上增加 Pr、Ce 和 Co 等元素易促进 A_5B_{19} 相形成的结果并不一致。为此,本章采用中间合金法制备 La_4MgNi_{19} 储氢合金,控制 Mg 的波动性,并用 Co、Fe、Mn、Al 等元素单组元部分替代合金中 B 侧元素 Ni,研究其对合金电化学性能的影响。在此基础上,继续研究多元合金化对合金电化学性能的影响规律。此外,上一章实验分析结果表明,采用中间合金组合 $Mg_2Ni + La_4Ni_{18.5}$ 和 $MgNi_2 + La_4Ni_{17}$ 分别制备的 La_4MgNi_{19} 储氢合金,性能相近,加上 Mg_2Ni 中间合金更易制得,本章及后期实验均采用 $Mg_2Ni + La_4Ni_{18.5}$ 中间合金组合熔炼 La-Mg-Ni 系储氢合金。

4.1 Co 替代 Ni 对 La₄MgNi₁₉合金相结构及电化学性能的影响

4.1.1 合金的相结构

图 4-1 为 $La_4MgNi_{19-x}Co_x$ $(x = 0 \sim 2)$ 合金的 XRD 图谱。从图中可以看出,合金主要由 $LaNi_5$ 相($CaCu_5$ 结构,空间群为 $P6/mmm$)和 La_4MgNi_{19} 相(A_5B_{19} 型结构: Ce_5Co_{19} + Pr_5Co_{19} ,空间群分别为 $R\bar{3}m$ 和 $P63/mmc$)组成。随着 Co 含量的增加, $LaNi_5$ 相的衍射峰强度(如 $2\theta = 30°$ 处)明显减弱,而 La_4MgNi_{19} 相的衍射峰则有所增强。这一结果表明,Co 元素的添加有利于促进 La_4MgNi_{19} 相的形成。

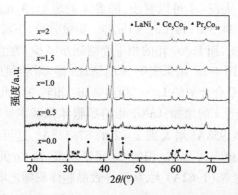

图 4-1 $La_4MgNi_{19-x}Co_x$ $(x = 0 \sim 2)$ 合金的 XRD 图谱

图 4-2 显示了 $x = 1.5$ 时合金的 XRD Rietveld 方法全谱拟合图谱($R_{wp} = 17.1\%$,$S = 1.9$)。拟合结果表明,在 A_5B_{19} 相(Ce_5Co_{19} 和 Pr_5Co_{19} 型)中,Mg 均占据 Laves 相单元中 La 原子的 4f 和 6c 位置,与 Mg 在 $PuNi_3$ 型结构中的占位相同。

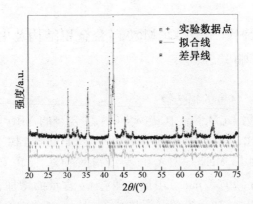

图 4-2   La₄MgNi₁₇.₅Co₁.₅合金的 XRD 图谱(+)和 Rietveld 拟合(线)

对所有 XRD 图谱进行 Rietveld 法全谱拟合精修后,数据结果列于表 4-1。从表 4-1 可以看出,随着 x 的增加,A₅B₁₉相的相丰度从 $x = 0$ 时的 34. 3%(Pr₅Co₁₉ + Ce₅Co₁₉质量分数,下同)增加到 $x =$ 2 时的 50. 3 %,而 LaNi₅ 相的相丰度则逐步减少,为清楚显示这一变化情况,作图 4-3。结果表明,x 的增加(即 Co 含量的增大)有助于 La-Mg-Ni 系合金中的 LaNi₅ 相向 A₅B₁₉相转变。此外,从表 4-1还可看出,随着 x 的增加,LaNi₅ 相的晶胞体积基本呈增大趋势,如从 $x = 0$ 的 86. 958Å³ 增大到 $x = 2$ 的 87. 328Å³,这可能是由于 Co含量增加,导致溶入 LaNi₅ 相的 Co 元素增多,而 Co 元素的原子半径(1. 67Å)比 Ni(1. 62Å)大,从而导致晶胞体积随之增大。

表 4-1   La₄MgNi₁₉₋ₓCoₓ($x = 0 \sim 2$)合金的晶体结构参数和相组成

试样	相	晶体群	相丰度/ wt%	晶胞参数/Å a	晶胞参数/Å c	晶胞体积 $V/Å^3$
	LaNi₅	P6 /mmm (191)	65. 7	5. 0210	3. 9829	86. 958
$x = 0$	Ce₅Co₁₉	R3̄m (166)	24. 0	5. 0396	48. 4470	1066. 840
	Pr₅Co₁₉	P63 /mmc (194)	10. 3	5. 0377	32. 6248	717. 050
	LaNi₅	P6 /mmm (191)	58. 6	5. 0279	3. 9865	87. 276
$x = 0. 5$	Ce₅Co₁₉	R3̄m (166)	27. 4	5. 03956	48. 4337	1065. 288
	Pr₅Co₁₉	P63 /mmc (194)	14. 0	5. 0038	32. 7338	709. 789

续表

试样	相	晶体群	相丰度/wt%	晶胞参数 /Å a	晶胞参数 /Å c	晶胞体积 V/Å³
	LaNi₅	P6 /mmm (191)	53.8	5.0260	3.9816	87.104
$x = 1.0$	Ce₅Co₁₉	R$\bar{3}$m (166)	32.3	5.0434	48.4282	1066.732
	Pr₅Co₁₉	P63 /mmc (194)	13.9	5.0145	32.2369	702.017
	LaNi₅	P6 /mmm (191)	51.9	5.0263	3.9852	87.191
$x = 1.5$	Ce₅Co₁₉	R$\bar{3}$m (166)	29.2	5.0379	48.6187	1068.651
	Pr₅Co₁₉	P63 /mmc (194)	18.9	5.0543	32.6387	722.082
	LaNi₅	P6 /mmm (191)	49.7	5.0299	3.9857	87.328
$x = 2$	Ce₅Co₁₉	R$\bar{3}$m (166)	33.4	5.0426	48.4748	1067.490
	Pr₅Co₁₉	P63 /mmc (194)	16.9	5.0481	32.1315	709.113

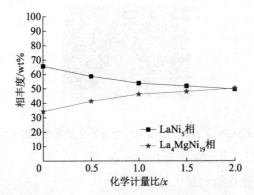

图 4-3　La₄MgNi₁₉₋ₓCoₓ($x = 0 \sim 2$)合金中 LaNi₅ 相和 La₄MgNi₁₉相的相丰度变化

4.1.2　合金的显微组织

图 4-4 是 La₄MgNi₁₉₋ₓCoₓ($x = 0 \sim 2$)合金的金相显微组织照片。从图中可以看出,所有合金均为树枝状结构,显示合金在冷却过程中发生了成分偏析;从图中还可以看出,当 Co 含量从 $x = 0$ 增加到 $x = 2$ 时,合金中的树枝晶组织明显变细,这一结果表明 Co 含量的增加可降低合金的偏析程度,细化晶粒,促进成分均匀化。

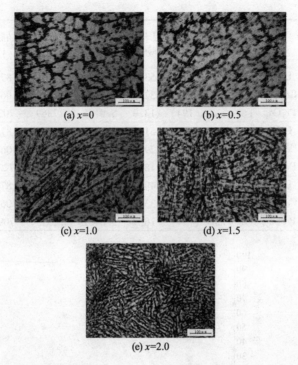

(a) $x=0$ (b) $x=0.5$

(c) $x=1.0$ (d) $x=1.5$

(e) $x=2.0$

图 4-4　$La_4MgNi_{19-x}Co_x(x=0～2)$ 合金的金相显微组织照片（200×）

4.1.3　合金电极的电化学性能

（1）活化性能和最大放电容量

表 4-2 列出了 $La_4MgNi_{19-x}Co_x(x=0～2)$ 合金电极的各项电化学性能数据。从表中可以看出，合金的活化性能较好，只需 1～2 个循环即可活化，而最大放电容量（C_{max}）随 x 的增大明显增大，从 $x=0$ 的 359.23 mA·h/g 增加到 $x=2.0$ 的 380.85 mA·h/g。由前文 XRD 分析结果可知，随着 x 的增大，合金中 A_5B_{19} 相的相丰度也随之增加，同时该相（Ce_5Co_{19} 和 Pr_5Co_{19} 型结构）比 $LaNi_5$ 相具有更高的吸放氢容量（1.5wt%），从而使得合金的最大放电容量明显增加。

表 4-2　$La_4MgNi_{19-x}Co_x(x=0\sim2)$ 合金电极的电化学性能参数

试样	$C_{max}/(mA\cdot h/g)$	N_a	$S_{100}/\%$
$x=0$	359.23	2	61.46
$x=0.5$	368.91	2	54.51
$x=1$	378.92	2	57.65
$x=1.5$	369.66	2	59.96
$x=2$	380.85	1	59.56

（2）循环稳定性

图 4-5 为 $La_4MgNi_{19-x}Co_x(x=0\sim2)$ 合金电极的循环稳定性曲线。从表 4-2 和图 4-5 中可以发现，少量 Co 元素的加入，使合金的电极的容量保持率（S_{100}）有所下降，但随着 Co 含量的增加，S_{100} 又逐步提高，如从 $x=0$ 时的 61.46% 降低到 $x=0.5$ 时的 54.51%，后又增加到 $x=1.5$ 时的 59.96%。研究认为，合金电极循环放电容量的衰退与储氢合金颗粒在强 KOH 电解液中受到强烈腐蚀有关，而合金颗粒吸放氢过程中的膨胀、收缩易导致其发生粉化，产生新鲜表面，增大了与电解液的接触面积，从而加速腐蚀过程。由前述 XRD 分析结果可知，x 的增加使得 A_5B_{19} 相的相丰度从 $x=0$ 时的 34.3% 增加到 $x=2$ 时的 50.3%，而 A_5B_{19} 相的吸氢量明显大于 $LaNi_5$ 相，吸氢膨胀率较大，合金中不同相吸氢膨胀差异产生的应力集中在其相对含量接近 1∶1 时最大，因此在 A_5B_{19} 相的相丰度小于 50% 时，其含量的增加会增大颗粒的粉化程度，对循环寿命有不利作用。此外，Co 元素溶入晶格后，可提高合金电极的抗腐蚀性能，同时还能降低合金中 A_5B_{19} 和 $LaNi_5$ 相的吸氢膨胀率，减少粉化，明显改善合金的循环寿命。因此，随着 Co 含量的增加，合金电极的循环寿命在有所下降后，又逐步得到改善。

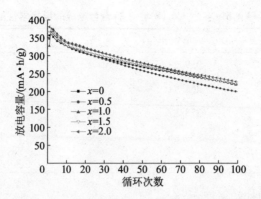

图 4-5　La$_4$MgNi$_{19-x}$Co$_x$($x=0\sim2$)合金电极的循环稳定性曲线

4.1.4　合金电极的动力学性能

为研究 Co 元素对合金大电流放电能力的影响,测试了合金不同放电电流条件下的 HRD 性能。研究表明,合金表面的电化学反应速率和氢在合金中的扩散速率是影响储氢合金电极高倍率放电性能的主要因素。为确认影响合金电极动力学的因素,还对反映合金电极动力学性能的反应阻抗、交换电流密度、极限电流密度及氢的扩散系数等进行测试分析,具体分析结果见表 4-3,计算方法见 2.4.3 小节。

（1）高倍率放电性能

图 4-6 所示为 La$_4$MgNi$_{19-x}$Co$_x$($x=0\sim2$)合金电极的高倍率放电性能曲线(298 K)。表 4-3 则列出了 La$_4$MgNi$_{19-x}$Co$_x$($x=0\sim2$)合金电极的各项动力学性能参数。从图 4-6 及表 4-3 可以看出,在 300 mA/g 的放电电流条件下,上述合金的 HRD$_{300}$都能达到 98% 以上,当放电电流增加到 600 mA/g 时,合金的 HRD$_{600}$仍能达到 92% 以上,而当放电电流增加到 900 mA/g 时,合金的 HRD$_{900}$则都有明显的下降,这一变化规律符合储氢电极合金的一般实验规律。从图 4-6 还可以发现,随着 Co 含量的增加,合金电极的高倍率放电性能(HRD$_{900}$)先从 89.43% ($x=0$)升高到 92.98% ($x=0.5$),然后降低到 84.9% ($x=1.5$),在 $x=2.0$ 时又上升到 88.11% 。

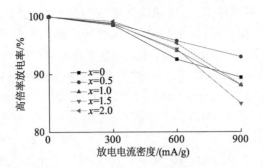

图 4-6　La₄MgNi₁₉₋ₓCoₓ(x = 0 ~ 2)合金电极的高倍率放电性能曲线(298 K)

表 4-3　La₄MgNi₁₉₋ₓCoₓ(x = 0 ~ 2)合金电极的动力学性能参数

试样	高倍率放电性能 HRD/%			$R/$ Ω	$I_0/$ (mA/g)	$I_L/$ (mA/g)	$D/$ $(\times 10^{-10} \text{ cm}^2 \cdot \text{s}^{-1})$
	HRD₃₀₀	HRD₆₀₀	HRD₉₀₀				
$x = 0$	98.52	92.57	89.43	0.532	188.57	2960.81	0.943
$x = 0.5$	98.87	95.77	92.98	0.617	177.17	2850.73	0.946
$x = 1$	98.76	94.08	88.10	0.655	157.62	2487.61	0.939
$x = 1.5$	98.69	94.33	84.90	0.714	155.46	2401.88	0.907
$x = 2$	99.16	95.36	88.11	0.597	162.56	2536.41	0.947

（2）电化学反应阻抗与交换电流密度

图 4-7 为 La₄MgNi₁₉₋ₓCoₓ(x = 0 ~ 2)合金电极的交流阻抗图谱。从图中可以看出,合金电极均具有相似的高频小半圆,表明合金电极由于其制备的方法和过程基本相同所以接触阻抗相近。而中低频大半圆半径相差较大,一般认为,较大的半圆具有较大的电化学反应阻抗,反之则具有较小的电化学反应阻抗。利用 Corrware 软件对图谱进行拟合分析,结果列于表 4-3。由图 4-7 和表 4-3 还可以看出,随着 x 的增加,中低频区大半圆的半径先增大后减小,当 x = 1.5 时达到最大,反映出合金电极表面的电化学反应阻抗随着 x 的增加先增大后减小。

图 4-8 为 La₄MgNi₁₉₋ₓCoₓ(x = 0 ~ 2)合金电极的线性极化曲

线。从图中可以看出，电极的极化电流与过电位之间呈现出良好的线性关系，随着 Co 含量的增加，线性极化曲线的斜率先减小然后增大，表明合金电极表面的极化阻力随着 Co 含量的增加先增大后减小，在 $x=1.5$ 时达到最大，这与合金电极表面的电化学反应阻抗的变化规律是一致的。根据公式(2-6)计算出合金电极的交换电流密度 I_0，列于表 4-3 中。由表可知，随着 Co 含量的增加，I_0 首先从 $x=0$ 时的 188.57mA/g 减小到 $x=1.5$ 时的 155.46 mA/g，然后升高到 $x=2.0$ 时的 162.56 mA/g，说明上述合金电极的表面电催化活性随 Co 含量的增加先减小后增大，并于 $x=1.5$ 时达到最小值。

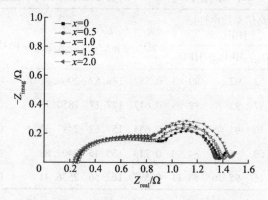

图 4-7 $La_4MgNi_{19-x}Co_x(x=0\sim2)$ 合金电极的交流阻抗谱图

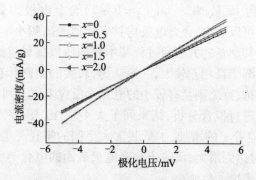

图 4-8 $La_4MgNi_{19-x}Co_x(x=0\sim2)$ 合金电极的线性极化曲线

（3）极限电流密度与氢的扩散系数

图 4-9 为 La$_4$MgNi$_{19-x}$Co$_x$（$x=0\sim2$）合金电极在 DOD $=50\%$ 时的阳极极化曲线。从图中可以看出,合金电极阳极极化曲线是先上升后下降,曲线上最高峰对应的峰值电流就是合金的极限电流密度 I_L;从图中还可以看出,在 $x=0\sim2.0$ 的范围内,I_L 值随着 x 的增加逐渐减小,从 2960.81 mA/g（$x=0$）减小到 2401.88 mA/g（$x=1.5$）,而当 x 增加到 2.0 时,I_L 值又有所上升,达到 2536.41mA/g。研究表明,氢在合金体内的扩散速率可由极限电流密度来反映。由此可知,随着 x 值的增加,氢在合金体相内的扩散速率首先增大后减小,当 $x=2.0$ 时扩散速率又有所增大。

图 4-10 所示为满充状态下 La$_4$MgNi$_{19-x}$Co$_x$（$x=0\sim2$）合金电极在 $+600$ mV 电位阶跃下的阳极电流对数与时间的关系曲线。根据式(2-7)计算得到氢扩散系数,列于表 4-3 中。从表中可以看出,随着 Co 含量的增加,氢在合金中的扩散系数均有所提高,当 $x=0\sim1.5$ 时,氢的扩散系数 D 先增加后减小,当 $x=2.0$ 时又有所增大,这一变化可能与合金的粉化倾向及合金氢化物的稳定性有关。

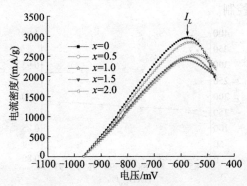

图 4-9　La$_4$MgNi$_{19-x}$Co$_x$（$x=0\sim2$）合金电极的阳极极化曲线
（DOD $=50\%$,298 K）

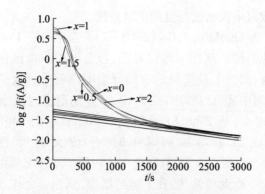

图 4-10 $La_4MgNi_{19-x}Co_x(x=0\sim2)$ 合金电极阳极电流($\log i$) –
时间(t)的响应曲线(+600 mV, 298 K)

为进一步明晰主要影响因素,对 HRD_{900} 的高倍率放电性能与 I_0 和 D 进行关联比较,见图 4-11。从图中可以看出,交换电流密度 I_0 与 HRD_{900} 基本成水平直线,而扩散系数 D 较低时,高倍率放电性能明显下降。这一结果表明,合金电极的 HRD_{900} 值与扩散系数 D 值的变化趋势一致,合金电极的高倍率放电性能主要受合金中氢的扩散速率控制。

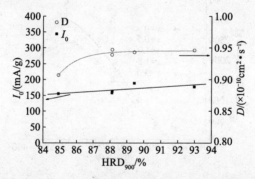

图 4-11 $La_4MgNi_{19-x}Co_x(x=0\sim2)$ 合金 HRD_{900} 与 I_0 和 D 的关系曲线

综合上述研究结果认为,合金具有较好的高倍率放电性能主要是因为所有合金均具有较好的表面催化活性和较高的扩散系数,I_0 和 D 分别达到了 155 mA/g 和 0.900($\times10^{-10}$ cm^2 · s^{-1})以上。而随着 Co 含量增加,高倍率放电性能有所下降的原因主要是

Co 元素的增加,使合金中的相结构发生变化,导致吸氢膨胀变大,粉化加重,从而使得交换电流密度和扩散系数等指标均有不同程度的下降。

4.1.5 本节小结

本节系统研究了 Co 部分替代 Ni 对 La₄MgNi₁₉合金的相结构和电化学性能的影响,得出如下结论:

① La₄MgNi$_{19-x}$Co$_x$($x = 0 \sim 2$)合金主要由 LaNi₅ 相和 La₄MgNi₁₉相组成。Co 含量的增加,有利于促进 La₄MgNi₁₉相的形成,且晶胞体积随之呈现增大趋势。

② 金相显微组织分析表明,合金为树枝晶结构,随着 x 值的增大,组织形貌变细,表明 Co 含量的增加可降低成分偏析,减少粉化,有利于循环寿命的提高。

③ 所有合金均可在 1~2 次循环后完全活化,合金的最大放电容量(C_{max})随着 x 的增大有明显的增加。从 $x=0$ 的 359.23 mA·h/g 增加到 $x=2.0$ 的 380.85 mA·h/g。这可能与 La₄MgNi₁₉相的增加有关。

④ 随着 x 的增加,合金电极经 100 次充放电循环后的容量保持率(S_{100})从 $x=0$ 时的 61.46% 降低到 $x=0.5$ 时的 54.51%,但随 x 值的进一步增加而有所提高,当 $x=1.5$ 时可达 59.96%,但是仍低于 Co 含量为 0 时的容量保持率。研究认为,合金中 La₄MgNi₁₉相的增加(<50%)会加剧晶间应力集中,加速粉化,使循环寿命下降,但 Co 元素增加又会提高合金电极的抗腐蚀性能,同时降低合金中 A₅B₁₉和 LaNi₅ 相的吸氢膨胀率,降低粉化,明显改善合金的循环稳定性。

⑤ 所有合金电极均具有较好的高倍率放电性能。动力学分析结果表明,HRD 主要由合金电极的扩散系数控制,合金电极具有较好的表面催化活性和较高的扩散系数是其具有较好的高倍率放电性能的主要原因。Co 元素可适当改善合金电极的高倍率放电性能,但进一步增加 Co 元素含量,则使合金中的相结构发生变化,导致吸氢膨胀变大,粉化加重,从而使得交换电流密度和扩散系数等

指标均有不同程度的下降,高倍率效电性能随之降低。

4.2　Fe 替代 Ni 对 La_4MgNi_{19} 合金相结构及性能的影响

4.2.1　合金的相结构

图 4-12 为 $La_4MgNi_{19-x}Fe_x$ ($x = 0 \sim 2$) 合金的 XRD 图谱。从图中可以看出,合金主要由 $LaNi_5$ 相($CaCu_5$ 结构)和 La_4MgNi_{19} 相(A_5B_{19} 型结构:$Ce_5Co_{19} + Pr_5Co_{19}$)组成。随着 Fe 含量的增加,$La_4MgNi_{19}$ 相的衍射峰逐步减弱,当 x 超过 1.0 时,La_4MgNi_{19} 相中的 Pr_5Co_{19} 型结构相的衍射峰消失,当 x 继续增加到 2.0 时,出现了 $CeNi_3$ 型新相的衍射峰。

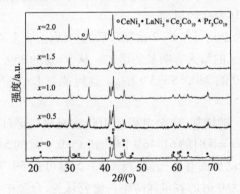

图 4-12　$La_4MgNi_{19-x}Fe_x$ ($x = 0 \sim 2$) 合金的 XRD 图谱

表 4-4 列出了 $La_4MgNi_{19-x}Fe_x$ ($x = 0 \sim 2$) 合金中各相的晶体结构参数。从表中可以发现,随着 x 值的增加,$LaNi_5$ 相的 a 轴参数、c 轴参数及晶胞体积均逐渐增大,而 La_4MgNi_{19} 相中的 Ce_5Co_{19} 型结构的 a 轴参数先减小后增大,c 轴参数则先增大后减小,在 $x = 2.0$ 时又有所增大,其晶胞体积随 x 值的增加先减小后增大。与 $x = 0$ 合金相比较,$x = 0.5$ 合金的晶胞体积明显减小,这对合金的储氢性能有不利影响。

表 4-4　La₄MgNi₁₉₋ₓFeₓ(x =0 ~ 2)合金的晶体结构参数和相组成

试样	相	晶体群	相丰度/wt%	晶胞参数/Å a	c	晶胞体积 V/Å³
x =0	LaNi₅	P6 /mmm (191)	65.7	5.0210	3.9829	86.958
	Ce₅Co₁₉	R$\bar3$m (166)	24.0	5.0396	48.4470	1066.840
	Pr₅Co₁₉	P63 /mmc (194)	10.3	5.0377	32.6248	717.050
x =0.5	LaNi₅	P6/mmm (191)	43.7	5.036	4.001	87.88
	Ce₅Co₁₉	R$\bar3$m (166)	26.3	4.943	49.075	1038.27
	Pr₅Co₁₉	P63/mmc (194)	30.0	5.027	32.390	708.99
x =1.0	LaNi₅	P6/mmm (191)	65.4	5.041	4.004	88.12
	Ce₅Co₁₉	R$\bar3$m (166)	34.6	4.918	48.707	1020.29
x =1.5	LaNi₅	P6/mmm (191)	78.5	5.050	4.011	88.59
	Ce₅Co₁₉	R$\bar3$m (166)	21.5	4.938	48.698	1028.33
x =2	LaNi₅	P6/mmm (191)	55.2	5.057	4.019	89.02
	Ce₅Co₁₉	R$\bar3$m (166)	36.5	4.943	48.943	1035.78
	CeNi₃	P63/mmc (194)	8.3	4.9858	16.4369	353.86

图 4-13 所示为 La₄MgNi₁₉₋ₓFeₓ(x =0 ~ 2)合金中 LaNi₅ 相和 La₄MgNi₁₉相的丰度变化情况。从图中可以看出,少量 Fe 元素的添加(x =0.5)可使 La₄MgNi₁₉ 相的相丰度增加,但随着 x 值的增加,La₄MgNi₁₉ 相又逐步减小,在超过 x =1.5 后又增加到 x =2.0 时的36.5wt% ,而 LaNi₅ 相则刚

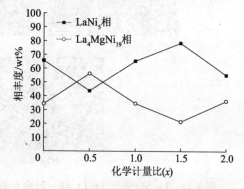

图 4-13　La₄MgNi₁₉₋ₓFeₓ(x =0 ~ 2)合金中 LaNi₅ 相和 La₄MgNi₁₉ 相的丰度变化

好相反。由此可见,适量 Fe 元素的添加有利于 La₄MgNi₁₉的形成。

4.2.2　合金的显微组织

图 4-14 是 La₄MgNi₁₉₋ₓFeₓ(x =0 ~ 2)合金的金相显微组织照

片。从图中可以看出，$La_4MgNi_{19-x}Fe_x$ 合金均为树枝状结构，微量 Fe 元素（$x=0.5$）替代 Ni 会明显细化晶粒，但随着 x 的继续增加，树枝状晶粒又有所粗化，但仍比不含 Fe 的合金要细。这一结果说明，适量的 Fe 元素部分替代 Ni 对合金组织有利，但过量添加会带来明显不利效果，与许剑轶等对 A_2B_7 型 $La_{0.75}Mg_{0.25}Ni_{3.5-x}Fe_x$（$x=0\sim0.3$）的研究结果一致。

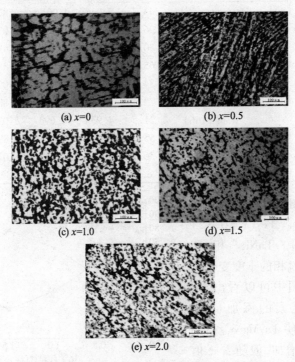

(a) $x=0$ (b) $x=0.5$

(c) $x=1.0$ (d) $x=1.5$

(e) $x=2.0$

图 4-14 $La_4MgNi_{19-x}Fe_x$（$x=0\sim2$）合金的金相显微组织照片（200×）

4.2.3 合金电极的电化学性能

（1）活化性能和最大放电容量

表 4-5 列出了 $La_4MgNi_{19-x}Fe_x$（$x=0\sim2$）合金电极的电化学性能数据。从表中可以看出，合金具有良好的活化性能，经 $1\sim2$ 次充放电循环都能达到各自的最大放电容量，但是随着 Fe 含量的增加，最大放电容量（C_{max}）随 x 的增加总体呈下降趋势，从 $x=0$ 时的

359. 23 mA·h/g 降低到 $x = 1.5$ 时的 325. 26 mA·h/g,在 $x = 2.0$ 时略微提高到 333. 77 mA·h/g,但仍然低于未加入 Fe 元素时的合金,这可能是由于 Ce$_5$Co$_{19}$和 Pr$_5$Co$_{19}$型结构的两种新相的晶胞体积及相丰度有关。这说明了 Fe 元素的加入不利于合金的最大放电容量的提升。

表 4-5 La$_4$MgNi$_{19-x}$Fe$_x$($x = 0 \sim 2$)合金电极的电化学性能参数

试样	$C_{max}/$ (mA·h/g)	N_a	$S_{100}/\%$
$x = 0$	359. 23	2	61. 46
$x = 0.5$	347. 74	1	54. 82
$x = 1$	331. 95	2	57. 68
$x = 1.5$	325. 26	2	57. 09
$x = 2$	333. 77	2	59. 31

(2)循环稳定性

图 4-15 为 La$_4$MgNi$_{19-x}$Fe$_x$($x = 0 \sim 2$)合金电极的循环稳定性曲线。从表 4-5 和图 4-15 可以看出,随着 x 的增加,合金的容量保持率(S_{100})从 $x = 0$ 时的 61. 46% 降低到 $x = 0.5$ 时的 54. 82% ,但随着 x 值的进一步增加而有所提高,当 $x = 2.0$ 时达到 59. 31% ,但是仍低于 Fe 含量为 0 时的容量保持率。出现上述变化可能是因为 Fe 元素比 Ni 元素的耐腐蚀性差,所以添加 Fe 元素的合金整体的循环稳定性均低于 La$_4$MgNi$_{19}$合金的容量保持率。随着 Fe 含量的增加,合金中更耐腐蚀的 LaNi$_5$ 相丰度增加,加上 Pr$_5$Co$_{19}$相消失,出现 CeNi$_3$ 相,让合金的吸氢膨胀降低,提高了合金的抗粉化能力,从而改善了合金的循环稳定性。此外,Fe 元素增加,可使合金在碱液中易形成致密氧化膜,提高其抗腐蚀性,从而改善合金的循环寿命。

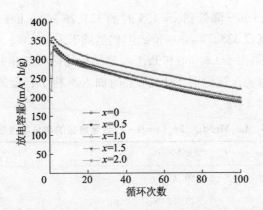

图 4-15　$La_4MgNi_{19-x}Fe_x(x=0\sim2)$ 合金电极的循环稳定性曲线

4.2.4　合金电极的动力学性能

（1）高倍率放电性能

图 4-16 给出了 $La_4MgNi_{19-x}Fe_x(x=0\sim2)$ 合金电极的高倍率放电性能曲线，表 4-6 则列出了合金电极的各项动力学性能参数。从图 4-16 和表 4-6 中可以发现，随着 Fe 含量的增加，合金电极的高倍率放电性能 HRD_{900} 从 $x=0$ 时的 89.43% 增大到 $x=0.5$ 时的 92.38%，但是随着 x 值的进一步增加，合金电极的高倍率性能并没有得到改善，可能是因为 Fe 含量的增加使合金的相结构发生变化，使得氢的扩散通道减少，为验证这一结果，对合金电极的动力学性能进行测试分析，具体结果见表 4-6。

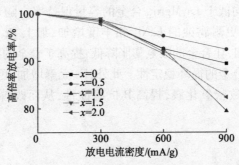

图 4-16　$La_4MgNi_{19-x}Fe_x(x=0\sim2)$ 合金电极的高倍率放电性能曲线（298 K）

表 4-6 $\mathrm{La_4MgNi_{19-x}Fe_x}(x=0\sim2)$ 合金电极的动力学性能参数

试样	高倍率放电性能 HRD/%			$R/$ Ω	$I_0/$ $(\mathrm{mA/g})$	$I_L/$ $(\mathrm{mA/g})$	$D/$ $(\times 10^{-10}\ \mathrm{cm^2 \cdot s^{-1}})$
	$\mathrm{HRD_{300}}$	$\mathrm{HRD_{600}}$	$\mathrm{HRD_{900}}$				
$x=0$	98.52	92.57	89.43	0.532	188.57	2960.81	0.943
$x=0.5$	98.60	95.28	92.38	0.438	196.89	2658.53	0.945
$x=1$	98.24	92.51	79.45	0.760	144.63	2304.46	0.963
$x=1.5$	98.89	91.93	87.55	0.645	171.00	2210.96	0.898
$x=2$	97.72	91.53	82.34	0.716	153.85	2375.14	1.086

（2）电化学反应阻抗与交换电流密度

图 4-17 为 $\mathrm{La_4MgNi_{19-x}Fe_x}(x=0\sim2)$ 合金电极的交流阻抗图谱,图中右边反映电化学反应阻抗的中低频大半圆有明显变化,拟合其半径,结果列于表 4-6。根据表 4-6 的分析结果可知,R 值从 0.532 $\Omega(x=0)$ 减小到 0.438 $\Omega(x=0.5)$,随着 x 值的进一步增加,R 值又逐渐升高到 0.760 $\Omega(x=1.0)$,在 $x=1.5$ 时降低到 0.645 Ω,而在 $x=2.0$ 时又有所上升(0.716 Ω)。这一结果表明,微量的 Fe 元素部分替代 Ni 可改善表面的反应催化活性,但进一步增加 Fe 元素反而会带来不利效果。

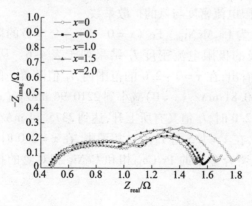

图 4-17 $\mathrm{La_4MgNi_{19-x}Fe_x}(x=0\sim2)$ 合金电极的交流阻抗图谱

图 4-18 为 $La_4MgNi_{19-x}Fe_x(x=0\sim2)$ 合金电极的线性极化曲线,电极的极化电压和电流之间显示了良好的线性关系,根据公式(2-6)计算合金电极的交换电流密度 I_0,列于表 4-6。从图 4-18 和表 4-6 可以看出,随着 Fe 含量的增加,I_0 值首先从 $x=0$ 时的 188.57 mA/g 增加到 $x=0.5$ 时的 196.89 mA/g,然后降低到 $x=1.0$ 时的 144.63 mA/g,在 $x=1.5$ 时升高到 171.00 mA/g,而在 $x=2.0$ 时又有所降低(153.85 mA/g),表明 $La_4MgNi_{19-x}Fe_x(x=0\sim2)$ 合金电极的表面的电荷转移速率随着 x 值的增加先增大后减小,并于 $x=1.0$ 时达到最小值。

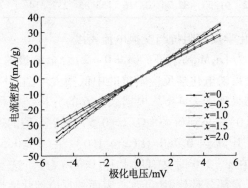

图 4-18 $La_4MgNi_{19-x}Fe_x(x=0\sim2)$ 合金电极的线性极化曲线

(3)极限电流密度与氢的扩散系数

图 4-19 为 $La_4MgNi_{19-x}Fe_x(x=0\sim2)$ 合金电极的阳极极化曲线,合金电极的极限电流密度 I_L 结果列于表 4-6。从图 4-19 和表 4-6 可以看出,在 $x=0\sim2.0$ 的范围内,I_L 值随着 x 的增加逐渐减小,从 2960.81 mA/g($x=0$)减小到 2210.96 mA/g($x=1.5$),而当 x 增加到 2.0 时,I_L 值又有所上升,达到 2375.14 mA/g。XRD 分析结果显示,在 $x=1.5$ 时 Pr_5Co_{19} 相消失,在 $x=2.0$ 时出现了 Ce-Ni_3 新相,说明合金中的 Pr_5Co_{19} 相和 $CeNi_3$ 相对氢的扩散有明显影响。

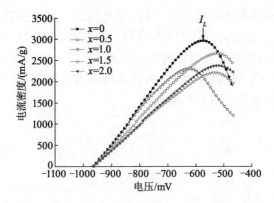

图 4-19　$La_4MgNi_{19-x}Fe_x(x=0\sim2)$ 合金电极的阳极极化曲线
（$DOD=50\%$，298 K）

图 4-20 所示为满充状态下 $La_4MgNi_{19-x}Fe_x(x=0\sim2)$ 合金电极的恒电位阶跃曲线。从图中可以看出，一段时间后，$\log i$ 与 t 表现出线性相关，根据公式(2-7)计算出氢在合金中的扩散系数 D，记录于表 4-6 中。从表中可以看出，随着 x 值的增加，合金中氢的扩散系数 D 均显示了较高的数值，除 $x=1.5$ 的合金外，其他合金的扩散系数 D 均高于 $x=0$ 的合金。

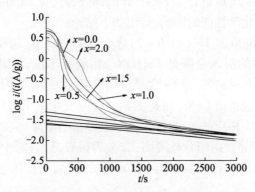

图 4-20　$La_4MgNi_{19-x}Fe_x(x=0\sim2)$ 合金电极的阳极电流（$\log i$）−
时间（t）的响应曲线（$+600\ mV$，298 K）

综合上述研究结果发现，极限电流密度与氢的扩散系数的变化规律与高倍率放电性能不一致,为此将合金电极的高倍率放电性能 HRD_{900} 与交换电流密度 I_0 进行关联,如图 4-21 所示。从图中可以看出,两者之间有很好的线性关系,随着 I_0 值的增大,合金电极的高倍率放电性能提高,表明合金电极表面催化活性是改善合金高倍率放电性能的主要原因。

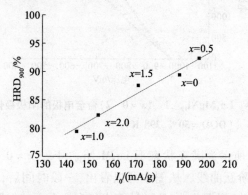

图 4-21　$La_4MgNi_{19-x}Fe_x$($x=0 \sim 2$)合金电极的高倍率放电性能 HRD_{900} 与交换电流密度 I_0 的关系

4.2.5　本节小结

本小节系统地研究了 Fe 对 Ni 的部分替代对 La_4MgNi_{19} 合金的相结构和电化学性能的影响,得出如下结论:

① $La_4MgNi_{19-x}Fe_x$($x=0 \sim 2$)合金主要由 $LaNi_5$ 相和 La_4MgNi_{19} 相组成。Fe 的引入会降低 La_4MgNi_{19} 相的相丰度,尤其是 Pr_5Co_{19} 相,在 $x=1.5$ 时消失,当 Fe 含量进一步增加,$x=2.0$ 时,又出现了具有较好吸氢量的 $CeNi_3$ 结构的相。这一变化结果直接影响到电化学性能发生相应的变化,如最大放电容量的下降。

② 金相显微组织分析表明,合金为树枝晶结构,少量 Fe 元素的添加可明显细化晶粒,但随着 x 值的增加,组织形貌又有粗化趋势。

③ 合金都能在 $1 \sim 2$ 次循环后活化,Fe 元素的加入不利于提高合金的最大放电容量,随着 x 的增加,合金的最大放电容量(C_{max})总体上呈现降低趋势,与合金中相丰度的变化一致。

④ 随着 x 的增加,合金电极经 100 次充放电循环后的容量保持率(S_{100})先下降后上升,但是仍低于 Fe 含量为 0 时的容量保持率。这主要是由于 Fe 元素比 Ni 元素的耐腐蚀性差,加上合金中相组成及相丰度的变化导致吸氢膨胀率发生变化。

⑤ 所有合金电极均具有较好的高倍率放电性能,少量 Fe 的加入可改善合金的表面催化活性,但进一步增加 Fe 的含量则有不利效果。合金电极动力学分析表明,合金电极表面催化活性的降低是造成合金电极高倍率放电性能下降的主要原因。

4.3 Mn 替代 Ni 对 La₄MgNi₁₉合金相结构及性能的影响

4.3.1 合金的相结构

图 4-22 为 La₄MgNi₁₉₋ₓMnₓ($x = 0 \sim 2$)合金的 XRD 图谱。从图中可以看出,所有合金均为多相结构,主要由 LaNi₅ 相、La₄MgNi₁₉ 相及 LaNi₂ 相组成。随着 Mn 含量的增加,La₄MgNi₁₉ 相的衍射峰逐步减弱,当 $x = 1.0$ 时,La₄MgNi₁₉ 相中的 Ce₅Co₁₉ 型结构的衍射峰消失,开始出现 LaNi₂ 相,随着 x 的继续增加,LaNi₂ 相的衍射峰逐步增强,Pr₅Co₁₉ 型结构的衍射峰逐步减弱。

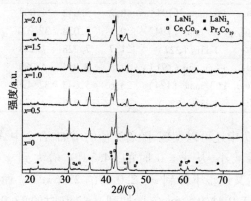

图 4-22 La₄MgNi₁₉₋ₓMnₓ($x = 0 \sim 2$)合金的 XRD 图谱

表 4-7 列出了 La₄MgNi₁₉₋ₓMnₓ($x = 0 \sim 2$)合金中各相的晶体结

构参数。分析发现,随着 x 值的增加,$LaNi_5$ 相的 a、c 轴参数及晶胞体积均逐渐增大,而 La_4MgNi_{19} 相中的 Ce_5Co_{19} 型结构的 a、c 轴参数均减小,Pr_5Co_{19} 型结构的 a 轴参数及其晶胞体积变化比较复杂,但是整体呈现减小趋势,而 c 轴参数呈现增大趋势。同样,$LaNi_2$ 相的 a、c 轴参数及晶胞体积均逐渐增大,出现这种变化规律可能是因为 Mn 的原子半径(1.79 Å)比 Ni 的(1.62 Å)大,因此 Mn 替代 Ni 后,会增大合金的点阵常数和晶胞体积。

表 4-7 $La_4MgNi_{19-x}Mn_x(x=0\sim2)$ 合金的晶体结构参数和相组成

试样	相	晶体群	相丰度/wt%	晶胞参数 /Å		晶胞体积 $V/Å^3$
				a	c	
$x=0$	$LaNi_5$	P6/mmm (191)	65.7	5.021	3.983	86.96
	Ce_5Co_{19}	R$\bar{3}$m (166)	24.0	5.040	48.447	1066.84
	Pr_5Co_{19}	P63/mmc (194)	10.3	5.038	32.625	717.05
$x=0.5$	$LaNi_5$	P6/mmm (191)	48.1	5.041	3.985	88.03
	Ce_5Co_{19}	R$\bar{3}$m (166)	31.4	4.955	48.599	1032.89
	Pr_5Co_{19}	P63/mmc (194)	20.5	5.062	32.459	720.41
$x=1.0$	$LaNi_5$	P6/mmm (191)	54.1	5.044	3.998	88.12
	Pr_5Co_{19}	P63/mmc (194)	40.3	5.033	32.457	711.49
	$LaNi_2$	Fd$\bar{3}$m (227)	5.6	7.212	7.213	375.39
$x=1.5$	$LaNi_5$	P6/mmm (191)	48.2	5.042	4.008	88.15
	Pr_5Co_{19}	P63/mmc (194)	30.1	5.038	32.371	711.64
	$LaNi_2$	Fd$\bar{3}$m (227)	21.7	7.228	7.228	377.68
$x=2$	$LaNi_5$	P6/mmm (191)	52.5	5.054	4.089	90.07
	Pr_5Co_{19}	P63/mmc (194)	23.6	5.043	32.499	715.59
	$LaNi_2$	Fd$\bar{3}$m (227)	23.9	7.233	7.234	378.92

从表 4-7 中还可以发现,随着 x 值的增加,合金中 A_5B_{19} 相的丰度先增大后减小,从 $x=0$ 时的 34.3wt% 增大到 $x=0.5$ 时的 51.9wt%,后又逐步下降到 $x=2.0$ 时的 23.6wt%。而 $LaNi_2$ 相的丰度,从 $x=1.0$ 时的 5.6wt% 增加到 $x=2.0$ 时的 23.9wt%。由此可见,少量 Mn 元素的添加有利于 A_5B_{19} 相的增加,但进一步增加 Mn 含量,则会降低 A_5B_{19} 相的含量,促进 $LaNi_2$ 相的形成。

4.3.2　合金的显微组织

图 4-23 是 $La_4MgNi_{19-x}Mn_x$ ($x = 0 \sim 2$) 合金的金相显微组织照片。从图中可以看出,在 $x = 0$ 时合金的树枝晶结构粗大,随着 Mn 含量的增加,树枝晶的结构变细,说明 Mn 元素的添加有利于细化晶粒。

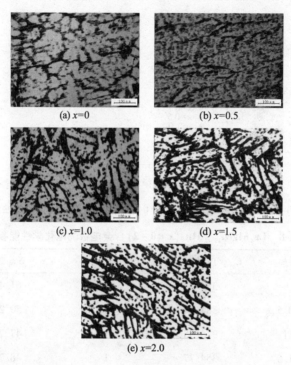

(a) x=0　　　　　　　(b) x=0.5

(c) x=1.0　　　　　　(d) x=1.5

(e) x=2.0

图 4-23　$La_4MgNi_{19-x}Mn_x$ ($x = 0 \sim 2$) 合金的金相显微组织照片(200 ×)

4.3.3　合金电极的电化学性能

（1）活化性能和最大放电容量

图 4-24 为 $La_4MgNi_{19-x}Mn_x$ ($x = 0 \sim 2$) 合金电极在 298 K 时的活化性能曲线,表 4-8 列出了 $La_4MgNi_{19-x}Mn_x$ ($x = 0 \sim 2$) 合金电极的电化学性能数据。从图 4-24 及表 4-8 中可以看出,合金具有良好的活化性能,添加 Mn 元素的合金均在首次充放电即可达到其最大放电容量。少量 Mn 元素添加可显著提高合金的最大放电容量,

如$x=0.5$的合金最大放电容量达到了 384.44 mA·h/g,比 $x=0$ 的合金提高了 25.21 mA·h/g,但随着 Mn 含量的增加,最大放电容量又有所降低。结合 XRD 分析结果认为,少量 Mn 元素的加入增大了晶胞体积,使最大放电容量增加,但 Mn 含量的继续增加,使得合金中出现了吸氢量少的 LaNi₂ 相,最大放电容量又有所下降。

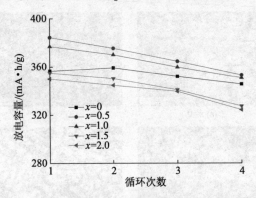

图 4-24　$La_4MgNi_{19-x}Mn_x(x=0\sim2)$合金电极的活化性能曲线

表 4-8　$La_4MgNi_{19-x}Mn_x(x=0\sim2)$合金电极的电化学性能参数

试样	C_{max}/(mA·h/g)	N_a	S_{100}/%
$x=0$	359.23	2	61.46
$x=0.5$	384.44	1	50.23
$x=1$	376.95	1	47.77
$x=1.5$	354.77	1	48.79
$x=2$	349.98	1	39.97

(2) 循环稳定性

图 4-25 和图 4-26 分别为 $La_4MgNi_{19-x}Mn_x(x=0\sim2)$合金电极的循环稳定性曲线以及合金电极的容量保持率(S_{100})与 Mn 含量的关系图。从表 4-8 和图 4-25、图 4-26 可以看出,随着 Mn 含量的增加,合金电极的容量保持率(S_{100})从 $x=0$ 时的 61.46% 降低到 $x=2.0$ 时的 39.97%,出现这种变化规律主要是因为 Mn 元素不耐腐

蚀,容易氧化溶出到溶液中,而且在 $x = 1$ 时合金中开始出现 LaNi₂
相,由于 LaNi₂ 相结构的耐腐蚀性比 LaNi₅ 等其他相的耐腐蚀性
差,因此导致了合金的循环稳定性逐渐降低。

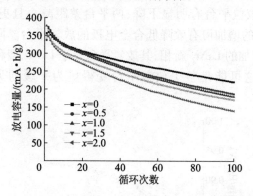

图 4-25 La₄MgNi₁₉₋ₓMnₓ($x = 0 \sim 2$)合金电极的循环稳定性曲线

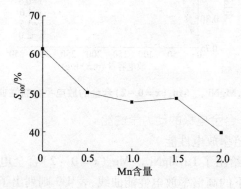

**图 4-26 La₄MgNi₁₉₋ₓMnₓ($x = 0 \sim 2$)合金电极容量保持率(S_{100})
与 Mn 含量的关系**

（3）电化学 P-C-T 曲线

研究认为,在一定温度下,合金电极的充放电性能与合金放电
平台特性有关(即压力－组成－温度曲线),压力－组成－温度曲
线(P-C-T 曲线)的平台压力过低或过高,以及平台的滞后现象都
对合金电化学性能的提高有不利影响。为了研究合金的放电
性能与 Mn 含量变化的关系,对合金的 P-C-T 曲线进行测试分析。

图 4-27 为 $La_4MgNi_{19-x}Mn_x(x=0\sim2)$ 合金的电化学放氢 P-C-T 曲线。由图可见,合金的放电曲线上有两个平台,分别对应着合金中的两个主要吸氢相:$LaNi_5$ 型相和 La_4MgNi_{19} 型相。随着 x 的增加,合金的放氢平台有明显下降,两平台差距减小且更加平缓,说明 Mn 含量的增加可有效降低合金电极的放氢平台。同时,随着 x 的增加而增加的 $LaNi_2$ 新相,其放氢平台介于 $LaNi_5$ 型和 La_4MgNi_{19} 型相之间,这可能是整个放氢平台变得更为平缓的另一个重要原因。

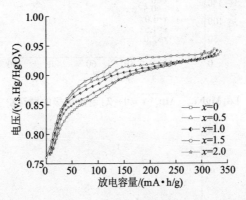

图 4-27 $La_4MgNi_{19-x}Mn_x(x=0\sim2)$ 合金的放电平台特性曲线(298 K)

4.3.4   合金电极的动力学性能

(1) 高倍率放电性能

图 4-28 给出了 $La_4MgNi_{19-x}Mn_x(x=0\sim2)$ 合金电极在不同放电电流条件下的高倍率放电性能曲线,表 4-9 则列出了合金电极的各项动力学性能参数。从图 4-28 和表 4-9 中可以看出,少量 Mn 元素的添加可明显改善高倍率放电性能,如在 900 mA/g 的放电电流条件下,合金电极的 HRD_{900} 从 $x=0$ 时的 89.43% 增大到 $x=0.5$ 时的 92.46%,但是随着 x 值的进一步增加,合金电极的高倍率放电性能并没有得到改善,逐步降低到 $x=2.0$ 时的 80.47%。由 P-C-T 电化学放氢曲线可知,Mn 对 Ni 的部分替代明显降低了合金电极的放氢平台电压,平衡电位越低,说明氢化物的稳定性越高,不利于氢的扩散,因而使得合金的高倍率放电性能下降。为进一步明

晰高倍率放电性能的瓶颈,同样对合金电极的动力学性能进行了
测试分析,具体分析结果列于表 4-9。

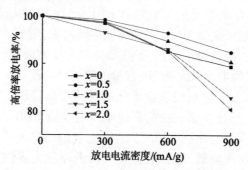

图 4-28　$La_4MgNi_{19-x}Mn_x(x=0\sim2)$ 合金电极的高倍率放电性能曲线(298 K)

表 4-9　$La_4MgNi_{19-x}Mn_x(x=0\sim2)$ 合金电极的动力学性能参数

试样	高倍率放电性能 HRD/%			$R/$ Ω	$I_0/$ (mA/g)	$I_L/$ (mA/g)	$D/$ ($\times10^{-10}$ cm$^2\cdot$s^{-1})
	HRD_{300}	HRD_{600}	HRD_{900}				
$x=0$	98.52	92.57	89.43	0.532	188.57	2960.81	0.943
$x=0.5$	99.22	96.46	92.46	0.511	154.18	2989.74	1.100
$x=1$	98.79	94.78	90.37	0.396	182.65	3122.73	1.086
$x=1.5$	98.56	93.08	82.91	0.378	191.58	2643.23	0.897
$x=2$	98.75	92.69	80.47	0.335	204.01	2872.83	0.864

(2) 电化学反应阻抗与交换电流密度

图 4-29 为 $La_4MgNi_{19-x}Mn_x(x=0\sim2)$ 合金电极的交流阻抗图
谱,利用 Corrware 软件拟合电化学反应阻抗的中低频大半圆半径,
结果列于表 4-9。从图 4-29 和表 4-9 可以看出,Mn 含量为 0 的合
金阻抗半圆最大,随着 Mn 含量的增加,合金电极的阻抗值逐步减
小,R 值从 0.532 $\Omega(x=0)$ 减小到 0.335 $\Omega(x=2.0)$。这一结果表
明,Mn 元素部分替代 Ni 可有效改善表面反应催化活性。

图 4-30 为 $La_4MgNi_{19-x}Mn_x(x=0\sim2)$ 合金电极的线性极化曲
线。其极化电压和电流之间显示了良好的线性关系,根据公式(2-

6)计算合金电极的交换电流密度 I_0,列于表4-9。从表中可以看出,少量 Mn 元素的加入会降低合金的表面催化活性,但随着 x 的进一步增加,I_0 值则逐步增加到 204.01 mA/g,大大超过 $x=0$ 时的合金电极。这可能与 Mn 元素易腐蚀溶出有关,随着 Mn 元素含量的增加,Mn 溶出量增加,留下多孔的合金电极表面,增加了反应表面积,因此交换电流密度随 Mn 含量的增加持续提高。

一般来说,合金电极表面催化活性的提高有利于高倍率放电性能的提升,但将合金电极的高倍率放电性能 HRD$_{900}$ 与交换电流密度 I_0 进行关联(图4-31)发现,合金电极的高倍率放电性能随着 I_0 数值的增加而降低,这表明合金电极表面催化活性不是合金高倍率放电性能的决定因素。

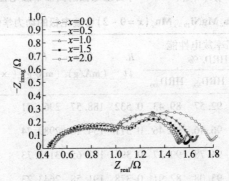

图 4-29　La$_4$MgNi$_{19-x}$Mn$_x$($x=0\sim2$)合金电极的交流阻抗图谱

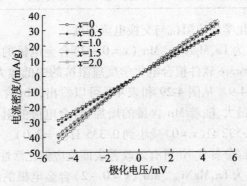

图 4-30　La$_4$MgNi$_{19-x}$Mn$_x$($x=0\sim2$)合金电极的线性极化曲线

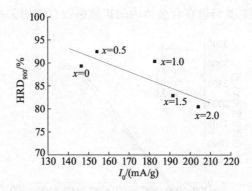

图 4-31　La₄MgNi₁₉₋ₓMnₓ(x = 0 ~ 2)合金电极的高倍率放电性能 HRD₉₀₀与交换电流密度 I₀ 的关系

（3）极限电流密度与氢的扩散系数

图 4-32 为 La₄MgNi₁₉₋ₓMnₓ(x = 0 ~ 2)合金电极的阳极极化曲线。合金电极的极限电流密度(I_L)值记录于表 4-9 中。从图 4-32 和表 4-9 可以看出,在 x = 0 ~ 2.0 的范围内,I_L值随着 x 的增加先增大后减小,从 2960. 81 mA/g(x = 0)增大到 3122. 73 mA/g（x = 1.0),随着 x 的增加又降低到 x = 1.5 时的 2643. 23 mA/g,而当 x = 2.0 时 I_L 值又有所上升,达到 2872. 83 mA/g。这一结果表明随着 Mn 含量的增加,合金中氢的扩散先加快后变慢。

图 4-33 所示为满充状态下 La₄MgNi₁₉₋ₓMnₓ(x = 0 ~ 2)合金电极的恒电位阶跃曲线。从图中可以看出,经足够时间后,log i 与 t 呈良好线性相关。对曲线上的线性部分进行拟合,并根据公式(2-7)计算得出合金中氢的扩散系数 D,结果记录于表 4-9 中。从表中可以看出,少量 Mn 的添加会提高合金电极的扩散系数,而进一步增大 x,扩散系数则又明显下降。这可能与 Mn 元素加入导致相组成发生变化有关,尤其是当 x > 1.0 时,合金中 LaNi₂ 相增加的较多,扩散系数 D 值也下降较快。将扩散系数 D 值与 HRD₉₀₀相比较,发现两者变化趋势一致。

综合上述研究结果可知,交换电流密度与 HRD 变化规律相反,而扩散系数则与 HRD 变化规律一致。研究认为,合金的高倍率放电性能主要与氢在合金体内的扩散系数有密切关系。

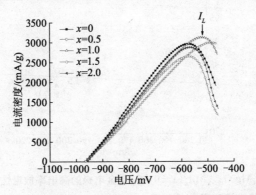

图 4-32 $La_4MgNi_{19-x}Mn_x(x=0\sim2)$ 合金电极的阳极极化曲线
（$DOD=50\%$，298 K）

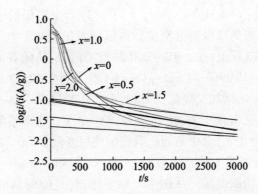

图 4-33 $La_4MgNi_{19-x}Mn_x(x=0\sim2)$ 合金电极的阳极电流（$\log i$）—
时间（t）的响应曲线（$+600$ mV，298 K）

4.3.5 本节小结

本小节系统研究了 Mn 部分替代 Ni 对 La_4MgNi_{19} 合金的相结构和电化学性能的影响，得出如下结论：

① $La_4MgNi_{19-x}Mn_x(x=0\sim2)$ 合金主要由 $LaNi_5$ 相、La_4MgNi_{19} 相组成，随着 x 的增加，$LaNi_5$ 相的晶胞体积逐渐增大，同时合金中 Ce_5Co_{19} 相消失，出现 $LaNi_2$ 相，该相丰度随着 x 的增加而增加。

② 金相显微组织分析表明，合金为树枝晶结构，随着 x 的增

加,树枝晶的结构变细,说明 Mn 元素的添加有利于细化晶粒。

③ Mn 元素的加入会提高合金的活化性能,降低合金电极的吸放氢平台。少量 Mn 元素的加入有利于提高合金的最大放电容量,但大量的 Mn 元素添加会使合金中出现吸氢量少的 $LaNi_2$ 相,导致其最大放电容量下降。

④ 随着 Mn 含量的增加,合金电极的循环稳定性明显变差。研究认为,Mn 元素的溶出,以及合金中耐蚀性能更差的 $LaNi_2$ 相的增加,都是合金循环稳定性的重要影响因素。

⑤ 少量 Mn 元素($x=0.5$)的添加会提高合金的高倍率放电性能,但进一步增加则会降低其性能。合金电极动力学分析结果表明,合金的高倍率放电性能主要与氢在合金体内的扩散速率密切相关。

4.4　双元素部分替代 Ni 对 La_4MgNi_{19} 合金相结构及性能的影响

江冰洁等的研究表明,Al 含量的增加改善了 $AB_{3.5}$ 型储氢合金的充放电循环性能,但过高的 Al 含量会带来不利影响,使得合金的放电容量下降。王大辉等的研究表明,Al 部分替代 Ni 对 AB_3 型储氢合金的循环稳定性有较好的改善,而合金的放电容量下降比较明显。综上所述,适量的 Al 替代有助于提高储氢合金电极的循环稳定性。因此本节在 Co 部分替代 Ni 的基础上,研究增加 Al 元素对 $LaMg_{0.25}Ni_{4.0-x}Co_{0.75}Al_x$($x=0\sim0.3$)系列合金的相结构和电化学性能的影响,以期优化合金的电化学性能。

4.4.1　合金的相结构

图 4-34 为 $LaMg_{0.25}Ni_{4.0-x}Co_{0.75}Al_x$($x=0\sim0.3$)系列合金的 XRD 图谱。从图中可以看出,合金均由 $LaNi_5$ 相、La_4MgNi_{19} 相和 $LaNi_2$ 相组成,随着 Al 元素含量的增加,合金中 $LaNi_2$ 相衍射峰逐渐增强,La_4MgNi_{19} 相的衍射峰减弱,当 $x=0.3$ 时 Ce_5Co_{19} 相的衍射峰消失。

表 4-10 列出了铸态 $LaMg_{0.25}Ni_{4.0-x}Co_{0.75}Al_x$ ($x=0\sim0.3$) 系列合金中有关相的晶胞参数及相含量。从表中可以看出,随着 Al 元素含量的增加,合金中 $LaNi_5$ 相的晶胞体积呈增大趋势,这可能是因为 Al 元素的原子半径比 Ni 的大, Al 替代 Ni 后,会增大合金的点阵常数和晶胞体积。

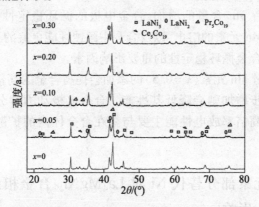

图 4-34 $LaMg_{0.25}Ni_{4.0-x}Co_{0.75}Al_x$ ($x=0\sim0.3$) 合金的 XRD 图谱

表 4-10 $LaMg_{0.25}Ni_{4.0-x}Co_{0.75}Al_x$ ($x=0\sim0.3$) 合金的晶体结构参数

试样	相	晶体群	相丰度/wt%	晶胞参数 /Å		晶胞体积 V/Å³
				a	c	
$x=0$	$LaNi_5$	P6/mmm (191)	28.3	5.02744	3.98252	87.06
	Ce_5Co_{19}	R$\bar{3}$m (166)	30.5	4.94555	48.81755	1034.04
	Pr_5Co_{19}	P63/mmc (194)	35.8	5.03198	32.47431	712.13
	$LaNi_2$	Fd$\bar{3}$m (227)	5.4	7.19424	7.19424	372.36
$x=0.05$	$LaNi_5$	P6/mmm (191)	36.6	5.02778	3.98312	87.19
	Ce_5Co_{19}	R$\bar{3}$m (166)	21.5	4.94599	48.95374	1037.13
	Pr_5Co_{19}	P63/mmc (194)	35.7	5.06616	32.32628	718.51
	$LaNi_2$	Fd$\bar{3}$m (227)	6.2	7.19083	7.19082	371.85
$x=0.1$	$LaNi_5$	P6/mmm (191)	35.4	5.0396	4.00106	88.03
	Ce_5Co_{19}	R$\bar{3}$m (166)	26.5	4.94677	48.72664	1032.63
	Pr_5Co_{19}	P63/mmc (194)	29.6	5.06095	32.44066	719.59
	$LaNi_2$	Fd$\bar{3}$m (227)	8.5	7.18466	7.18467	370.89

续表

试样	相	晶体群	相丰度/wt%	晶胞参数 /Å		晶胞体积 V/Å³
				a	c	
$x = 0.2$	LaNi₅	P6/mmm (191)	50.6	5.04786	4.01657	88.61
	Ce₅Co₁₉	R$\bar{3}$m (166)	5.3	4.94825	48.84261	1035.68
	Pr₅Co₁₉	P63/mmc (194)	28.7	5.04273	32.45954	714.85
	LaNi₂	Fd$\bar{3}$m (227)	15.4	7.18964	7.18963	371.66
$x = 0.3$	LaNi₅	P6/mmm (191)	68.8	5.0573	3.99286	88.41
	Pr₅Co₁₉	P63/mmc (194)	14.5	5.04736	32.15478	709.44
	LaNi₂	Fd$\bar{3}$m (227)	16.7	7.18459	7.18456	370.86

4.4.2　合金电极的电化学性能

（1）活化性能与最大放电容量

图 4-35 为 $LaMg_{0.25}Ni_{4.0-x}Co_{0.75}Al_x$（$x = 0 \sim 0.3$）系列合金电极的活化性能曲线。从图中可以看出,随着 Al 含量的增加,合金的活化性能有所下降,但该系列合金仍保持有较好的活化性能,在 $1 \sim 2$ 次即可活化。表 4-11 列出了 $LaMg_{0.25}Ni_{4.0-x}Co_{0.75}Al_x$（$x = 0 \sim 0.3$）合金的电化学性能数据。从图 4-35 和表 4-11 中可以看出,添加 Al 元素还会降低合金的最大放电容量,合金的最大放电容量从 $x = 0$ 时的 379.1 mA·h/g,下降到了 $x = 0.3$ 时的 333.4 mA·h/g。结合 XRD 分析结果认为,尽管 Al 元素的加入可增大合金的晶胞体积,有利于最大放电容量的提升,但由于 Al 元素的增加导致高储氢量的 A_5B_{19} 相的减少和吸氢量低的 $LaNi_2$ 相的增加,使得合金的最大放电容量仍然继续下降。

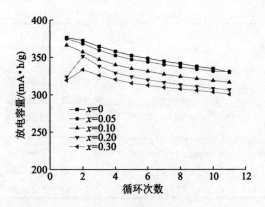

图 4-35　$LaMg_{0.25}Ni_{4.0-x}Co_{0.75}Al_x$ ($x=0 \sim 0.3$)
合金电极的活化性能曲线

表 4-11　$LaMg_{0.25}Ni_{4.0-x}Co_{0.75}Al_x$ ($x=0 \sim 0.3$) 合金的电化学参数

试样	C_{max} /(mA · h/g)	N_a	S_{100} /%
$x=0$	379.1	1	56.58
$x=0.05$	374.8	1	58.57
$x=0.1$	366.2	1	63.43
$x=0.2$	351.3	2	66.97
$x=0.3$	333.4	2	77.42

（2）循环稳定性

图 4-36 为该系列合金电极的循环稳定性曲线,曲线下降越平缓说明合金电极衰退越慢。从图中可以看出,随着合金中 Al 含量的增加,合金的循环稳定性逐渐增强。根据公式(2-5)计算合金100 个循环后的容量保持率 S_{100} ,列于表 4-11。从表中可以看出,Al 含量的增加可使合金循环稳定性得到明显改善,如 S_{100} 可从 $x=0$ 时的 56.58% 增加到 $x=0.3$ 时的 77.42%。众所周知,合金电极失效的根本原因是合金电极 La、Mg 等元素的分凝及氧化腐蚀。分析研究认为,添加 Al 元素到一定量,有助于合金表面形成致密氧化膜,可减少电解液对合金电极的氧化腐蚀。同时,Al 元素还可以降

低合金吸氢膨胀、抑制粉化,从而减小电解液的接触面积,也可以降低腐蚀,从而有效地提高合金的循环稳定性。

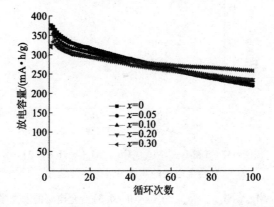

图 4-36　LaMg$_{0.25}$Ni$_{4.0-x}$Co$_{0.75}$Al$_x$($x=0\sim0.3$)合金电极的循环稳定性曲线

4.4.3　合金电极的动力学性能

（1）高倍率放电性能

图 4-37 为该系列合金电极的高倍率放电性能曲线。从图中可以看出,Al 元素含量的增加会降低合金的高倍率放电性能,但少量添加 Al 元素会提高合金的高倍率放电性能。表 4-12 列出了该系列合金的相关动力学性能参数。从表中可以看出,在 900 mA/g 放电电流条件下,$x=0.05$ 的合金,其 HRD$_{900}$仍能达到 94.71%,显示了良好的高倍率放电性能,但随着 x 值的继续增加,HRD$_{900}$值不断降低,这可能与合金中 LaNi$_2$ 相的增加有关。

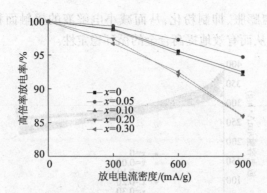

图 4-37　$LaMg_{0.25}Ni_{4.0-x}Co_{0.75}Al_x(x=0\sim0.3)$
合金电极的高倍率放电性能曲线

表 4-12　$LaMg_{0.25}Ni_{4.0-x}Co_{0.75}Al_x(x=0\sim0.3)$合金电极的动力学性能参数

试样	高倍率放电性能 HRD/%			R/Ω	$I_0/$ (mA/g)	$D/$ ($\times10^{-10}\ cm^2\cdot s^{-1}$)
	HRD$_{300}$	HRD$_{600}$	HRD$_{900}$			
$x=0$	99.12	95.835	91.92	0.51	206.4	1.033
$x=0.05$	99.33	97.31	94.71	0.84	166.5	1.296
$x=0.1$	98.59	94.79	91.93	0.80	189.3	0.993
$x=0.2$	97.09	91.85	86.60	0.64	205.4	0.962
$x=0.3$	97.33	92.26	86.56	0.54	207.2	0.914

（2）交换电流密度与电化学反应阻抗

图 4-38 为该系列合金电极的线性极化曲线,观察该曲线可以看出,随着 Al 元素含量的增加,合金的交换电流密度斜率先减小后增加。利用公式(2-6)计算出该系列合金电极的交换电流密度值 I_0,列于表 4-12。从表中可以看出,I_0 值与 HRD$_{900}$值的变化规律并不一致。此外,其值均较高,这说明表面催化活性不是影响高倍率放电性能的瓶颈所在。

图 4-39 为该系列合金电极的交流阻抗曲线。从图中可以看出,该系列合金的交流阻抗曲线图由高频区小半圆、低频区大半圆和斜线组成。而我们主要研究低频区大半圆,该图中的低频区大

半圆半径随着 Al 元素含量的增加先增大后减小。拟合计算出的交流阻抗值同样列于表 4-12。由列出的数据分析可知,交流阻抗值的变化规律与合金的交换电流密度的变化规律正好相反。这符合一般规律,因为随着阻抗值的增加,合金电极表面的电化学反应会更加困难,从而导致合金的交换电流值的减小。

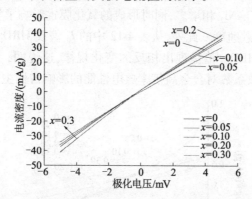

图 4-38　$LaMg_{0.25}Ni_{4.0-x}Co_{0.75}Al_x(x=0\sim0.3)$ 合金电极在 **DOD = 50%** 时的线性极化曲线(298 K)

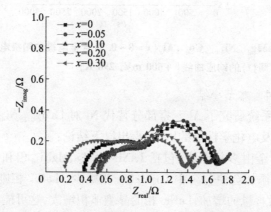

图 4-39　$LaMg_{0.25}Ni_{4.0-x}Co_{0.75}Al_x(x=0\sim0.3)$ 合金电极的电化学阻抗谱

(3)氢的扩散系数

图 4-40 为该系列合金电极的恒电位阶跃曲线(满充状态)。根据该曲线线性部分的拟合结果,利用公式(2-7)计算出氢在合金

中的扩散系数 D,计算结果同样列于表 4-12。从表中可以看出,随着 x 值的增加,该系列合金的氢扩散系数先增加后减小,该变化规律与该系列合金的高倍率放电性能变化一致。研究认为,这一变化与合金中相组成的变化密切相关。Al 元素的添加可增大合金的晶胞体积,有助于改善合金的扩散系数,但进一步增加 Al 含量,导致合金中的 LaNi$_2$ 相增多,同时形成的氧化膜也影响了氢的表面催化活性和扩散速度。此外,从表 4-12 中的 I_0 值及 HRD$_{900}$ 值可以看出,I_0 值与 HRD$_{900}$ 值呈现出相反的变化规律,这说明,在该系列合金中,氢扩散系数对合金高倍率放电性能的影响占据主导地位。

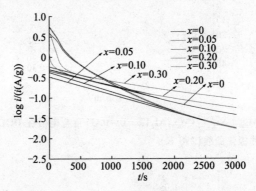

图 4-40　LaMg$_{0.25}$Ni$_{4.0-x}$Co$_{0.75}$Al$_x$($x=0\sim0.3$)合金电极的阳极电流(log i)－时间(t)的响应曲线(+600 mV,298 K)

4.4.4　本节小结

本节系统研究了 Al 元素部分替代 Ni 对 LaMg$_{0.25}$Ni$_4$Co$_{0.75}$合金的相结构及电化学性能的影响,得出以下结论:

① 合金由多相组成,包括 LaNi$_5$ 相、La$_4$MgNi$_{19}$ 相和 LaNi$_2$ 相。Al 元素的添加会使合金中 La$_4$MgNi$_{19}$ 相减少,LaNi$_2$ 相则增多。随着 Al 元素含量的增加,LaNi$_5$ 相的晶胞体积增大,这可能是 Al 的原子半径比 Ni 的大,Al 溶入 LaNi$_5$ 晶格部分替代 Ni 所致。

② Al 元素会降低合金的活化性能和最大放电容量,明显改善合金的循环稳定性。研究认为,合金的最大放电容量下降可能是合金中吸氢量小于 La$_4$MgNi$_{19}$ 相的 LaNi$_2$ 相增多所致。循环稳定性

的提升则是因为一定量的 Al 元素有助于在合金表面形成致密氧化膜,减少了电解液对合金电极的氧化腐蚀。此外,Al 元素还会增大晶胞体积,降低合金吸氢膨胀、抑制粉化,从而减小电解液的接触面积,有助于循环寿命的提高。

③ 少量 Al 元素可改善合金的高倍率放电性能,当 $x = 0.05$ 时,其 HRD_{900} 高达 94.71% ,但进一步增加 Al 含量,HRD_{900} 则会降低到 $x = 0.3$ 时的 86.56% 。添加 Al 元素会在合金表面形成致密的氧化膜,其在改善合金循环稳定性的同时,也降低了合金的高倍率放电性能。动力学分析认为,氢扩散系数对合金高倍率性放电性能的影响占据主导地位。

4.5 三元素部分替代 Ni 对 La_4MgNi_{19} 合金相结构及性能的影响

由上两节研究结果可知,Mn 元素的加入会提高合金的活化性能和最大放电容量,但会恶化合金的循环稳定性,而 Al 部分替代 Ni 则可有效改善合金的循环寿命,但过高的 Al 部分替代 Ni 会明显降低其最大放电容量。因此,本节在上一节的基础上,选取 $LaMg_{0.25}Ni_{3.9}Co_{0.75}Al_{0.1}$ 合金作为基础材料,用 Mn 元素部分替代 Ni,继续优化 La_4MgNi_{19} 合金的成分。

4.5.1 合金的相结构

图 4-41 为 $LaMg_{0.25}Ni_{3.9-x}Co_{0.75}Al_{0.1}Mn_x$ ($x = 0 \sim 0.4$) 合金的 XRD 衍射图谱。从图中可以看出,合金均由 $LaNi_5$ 相、La_4MgNi_{19} 相和 $LaNi_2$ 相组成,随着 Mn 含量的增加,合金中 $LaNi_5$ 相和 $LaNi_2$ 相的衍射峰逐渐增强,La_4MgNi_{19} 相的衍射峰减弱,当 $x = 0.4$ 时 Ce_5Co_{19} 相的衍射峰消失。

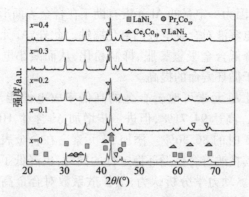

图 4-41　$LaMg_{0.25}Ni_{3.9-x}Co_{0.75}Al_{0.1}Mn_x(x=0\sim0.4)$ 合金的 XRD 图谱

表 4-13 列出了 $LaMg_{0.25}Ni_{3.9-x}Co_{0.75}Al_{0.1}Mn_x(x=0\sim0.4)$ 合金中的相组成及晶胞参数。从表中可以看出，随着 Mn 元素含量的增加，合金中的 A_5B_{19} 相的相含量逐渐减小，由 $x=0$ 时的 56.1wt% 减小到 $x=0.4$ 时的 15.9wt%。合金中的 $LaNi_5$ 相的晶胞体积则随着 x 值的增加而增加，由 $x=0$ 时的 88.03Å^3 增加到 $x=0.3$ 时的 88.99Å^3，当 $x=0.4$ 时又有所减小。与前述研究的 Mn 元素替代 Ni 的变化趋势相似。

表 4-13　$LaMg_{0.25}Ni_{3.9-x}Co_{0.75}Al_{0.1}Mn_x(x=0\sim0.4)$ 合金的晶体结构参数

试样	相	晶体群	相丰度/ wt%	晶胞参数 /Å		晶胞体积 V/ Å^3
				a	c	
$x=0$	$LaNi_5$	P6/mmm (191)	35.4	5.0396	4.00106	88.03
	Ce_5Co_{19}	R$\bar{3}$m (166)	26.5	4.94677	48.72664	1032.63
	Pr_5Co_{19}	P63/mmc (194)	29.6	5.06095	32.44066	719.59
	$LaNi_2$	Fd$\bar{3}$m (227)	8.5	7.18466	7.18467	370.89
$x=0.1$	$LaNi_5$	P6/mmm (191)	38.6	5.03964	4.01224	88.28
	Ce_5Co_{19}	R$\bar{3}$m (166)	13.9	4.95125	48.7288	1034.51
	Pr_5Co_{19}	P63/mmc (194)	37.3	5.04195	32.5613	716.87
	$LaNi_2$	Fd$\bar{3}$m (227)	10.2	7.19107	7.19101	371.85

试样	相	晶体群	相丰度/wt%	晶胞参数 /Å		晶胞体积 $V/Å^3$
				a	c	
$x = 0.2$	LaNi₅	P6/mmm (191)	43.8	5.04755	4.01865	88.69
	Ce₅Co₁₉	R$\bar{3}$m (166)	8.1	4.94792	48.84848	1035.68
	Pr₅Co₁₉	P63/mmc (194)	35.6	5.04719	32.14353	709.14
	LaNi₂	Fd$\bar{3}$m (227)	12.5	7.1812	7.1815	370.34
$x = 0.3$	LaNi₅	P6/mmm (191)	53.3	5.05201	4.0251	88.99
	Ce₅Co₁₉	R$\bar{3}$m (166)	3.8	4.9334	48.92853	1031.27
	Pr₅Co₁₉	P63/mmc (194)	29.1	5.05608	32.13881	711.53
	LaNi₂	Fd$\bar{3}$m (227)	13.8	7.19546	7.19544	372.55
$x = 0.4$	LaNi₅	P6/mmm (191)	69.8	5.01296	3.99244	86.93
	Pr₅Co₁₉	P63/mmc (194)	15.9	5.0555	32.15049	711.67
	LaNi₂	Fd$\bar{3}$m (227)	14.3	7.19452	7.19455	372.42

4.5.2　合金电极的电化学性能

（1）活化性能与最大放电容量

图 4-42 为 $LaMg_{0.25}Ni_{3.9-x}Co_{0.75}Al_{0.1}Mn_x(x=0\sim0.4)$ 系列合金电极的活化性能曲线。从图中可以看出,合金仍保持很好的活化性能,在 1~2 次即可活化。表 4-14 列出了 $LaMg_{0.25}Ni_{3.9-x}Co_{0.75}$-$Al_{0.1}Mn_x(x=0\sim0.4)$ 合金电极的相关电化学性能参数。从表中可以看出,该系列合金的最大放电容量随着 Mn 含量的增加而不断减小,由 $x=0$ 时的 366.2 mA·h/g 减小到 $x=0.4$ 时的 339.1 mA·h/g,其主要原因是合金中 LaNi₂ 相的增加。选取上节研究合金中的 $LaMg_{0.25}$-$Ni_{3.7}Co_{0.75}Al_{0.3}$ 合金和本节 $LaMg_{0.25}Ni_{3.7}$-$Co_{0.75}Al_{0.1}Mn_{0.2}$ 合金进行比较,其最大放电容量分别为 333.4 mA·h/g 和 355.5 mA·h/g。由此可以看出,尽管两者 $Al_{0.3}$ 或 $(AlMn)_{0.3}$ 的替代量相同,均为 0.3,但多组元替代更能提高合金的电化学放电性能。

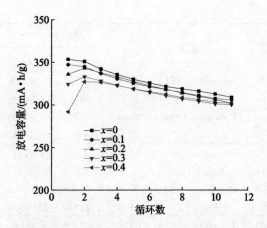

图 4-42 $LaMg_{0.25}Ni_{3.9-x}Co_{0.75}Al_{0.1}Mn_x(x=0 \sim 0.4)$ 合金电极的活化性能曲线

表 4-14 $LaMg_{0.25}Ni_{3.9-x}Co_{0.75}Al_{0.1}Mn_x(x=0 \sim 0.4)$ 合金电极的电化学参数

试样	$C_{max}/(mA \cdot h/g)$	N_a	$S_{100}/\%$
$x=0$	366.2	1	63.43
$x=0.1$	359.8	1	63.59
$x=0.2$	355.5	2	64.05
$x=0.3$	345.2	2	68.01
$x=0.4$	339.1	2	74.31

（2）循环稳定性

图 4-43 为 $LaMg_{0.25}Ni_{3.9-x}Co_{0.75}Al_{0.1}Mn_x(x=0 \sim 0.4)$ 合金电极的循环稳定性曲线。从图中可以看出，随着 Mn 含量的增加，曲线下降更加平缓，合金的循环稳定性得到改善。根据公式（2-5）计算合金 100 个循环后的容量保持率 S_{100}，列于表 4-14。从表中可以看出，合金的循环稳定性 S_{100} 由 $x=0$ 时的 63.43% 增加到 $x=0.4$ 时的 74.31%。前述研究中发现，因 Mn 的耐蚀性较差容易溶出，随 Mn 含量的增加，循环稳定性呈下降趋势。而本节研究中发现 Mn 含量的增加，却能改善合金的循环稳定性。研究认为，这可能得益

于 Al、Mn 两种元素的协同作用,加入的 Al 元素在形成致密氧化膜保护合金电极的同时,也可减少 Mn 元素的腐蚀溶出,从而改善了该系列合金的循环稳定性。因此,Mn 与 Al 的协同多元化对合金电极的循环稳定性有积极影响。

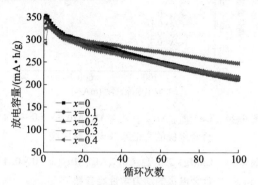

图 4-43 $LaMg_{0.25}Ni_{3.9-x}Co_{0.75}Al_{0.1}Mn_x(x=0\sim0.4)$
储氢合金电极循环稳定性曲线

4.5.3 合金电极的动力学性能

(1) 高倍率放电性能

图 4-44 为 $LaMg_{0.25}Ni_{3.9-x}Co_{0.75}Al_{0.1}Mn_x(x=0\sim0.4)$ 合金的高倍率放电性能曲线。从图中可以看出,Mn 元素的添加降低了合金的高倍率放电性能,尤其是在较高倍率放电电流条件下,下降更为明显。

表 4-15 列出了该系列储氢合金的相关动力学性能参数。从表中可以看出,$x=0.4$ 时,合金的高倍率放电性能明显变差,HRD_{900} 仅有 63.27%,远远低于其他合金成分。在 $x=0.4$ 时,为了进一步了解高倍率放电性能变化的影响因素,我们进行了线性极化、交流阻抗等实验。

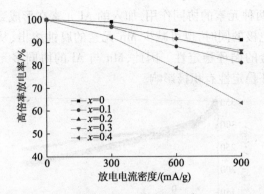

图 4-44 $LaMg_{0.25}Ni_{3.9-x}Co_{0.75}Al_{0.1}Mn_x(x=0\sim0.4)$
合金电极的高倍率放电性能曲线

表 4-15 $LaMg_{0.25}Ni_{3.9-x}Co_{0.75}Al_{0.1}Mn_x(x=0\sim0.4)$
合金电极的动力学性能参数

试样	高倍率放电性能 HRD/%			R/Ω	$I_0/$ (mA/g)	$D/$ ($\times10^{-10}$ cm$^2 \cdot$ s^{-1})
	HRD_{300}	HRD_{600}	HRD_{900}			
$x=0$	98.59	94.79	91.93	0.80	189.3	0.993
$x=0.1$	96.75	88.07	80.86	0.47	195.9	1.020
$x=0.2$	97.15	91.47	85.17	0.59	147.7	1.193
$x=0.3$	97.09	91.44	86.11	0.44	199.9	1.220
$x=0.4$	92.21	78.64	63.27	0.50	186.6	0.804

（2）交换电流密度与电化学反应阻抗

图 4-45 为该系列储氢合金电极的线性极化曲线。从图中可以看出，电极极化电流与过电位之间呈现出较好的线性关系，Mn 元素部分替代 Ni 会让线性极化曲线的斜率变小，即表面催化活性变差。利用公式(2-6)计算出该系列合金电极的交换电流密度值 I_0，列于表 4-15 中。从表中可以看出，交换电流密度值 I_0 随着 Mn 含量的增加先后两次增加后再减小，变动较大。

图 4-46 为该系列储氢合金电极的电化学交流阻抗图谱。从图中可以看出，反映表面催化活性的大半圆部分，合金电极之间相差

较小。通过 Corrware 软件拟合计算所得的交流阻抗值,同样列于表 4-15。从表中可以看出,随着 x 值的增加,交流阻抗值先增大后减小再增大,规律刚好与线性极化相反。由于阻抗越小,意味着催化活性越好,实际反映的结果与线性极化相同,这充分说明并非是实验误差导致的这种变化。仔细研究后认为,Mn 的溶出有助于催化活性的提升,但 Al 元素的存在易形成致密氧化膜,降低催化活性,两者相互影响最终导致催化活性出现反复的情况发生。

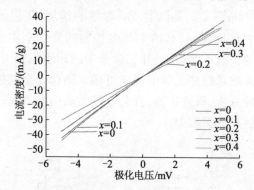

图 4-45　$LaMg_{0.25}Ni_{3.9-x}Co_{0.75}Al_{0.1}Mn_x\,(x = 0 \sim 0.4)$
合金电极的线性极化曲线

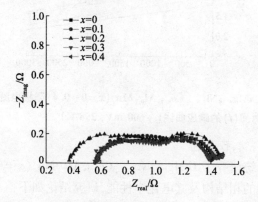

图 4-46　$LaMg_{0.25}Ni_{3.9-x}Co_{0.75}Al_{0.1}Mn_x\,(x = 0 \sim 0.4)$
合金电极的交流阻抗图谱

（3）氢的扩散系数

图 4-47 为该系列储氢合金电极的恒电位阶跃曲线。从图中可以看出，该系列曲线均是由线性及非线性两部分组成的。随着时间的增加，曲线线性趋势更明显。对线性部分进行拟合，利用公式 (2-7) 计算出氢在合金中的扩散速率 D 的值，同样列于表 4-15。从表中可以看出，D 值从 $x = 0$ 时的 0.993×10^{-10} $cm^2 \cdot s^{-1}$，增加到 $x = 0.3$ 时的 1.220×10^{-10} $cm^2 \cdot s^{-1}$，再减小到 $x = 0.4$ 时的 0.804×10^{-10} $cm^2 \cdot s^{-1}$，即随着 Mn 含量的增加，D 值呈现出先增大后减小的变化规律，与高倍率放电性能的变化基本一致。由于氢在每种相的扩散速度均不相同，合金中的相组成较为复杂，导致合金电极的扩散系数并无确定规律可循。结合合金电极线性极化密度及阻抗的分析，研究认为，合金电极的高倍率放电性能受控于氢在合金中的扩散系数 D。

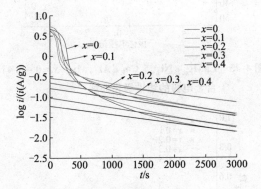

图 4-47　$LaMg_{0.25}Ni_{3.9-x}Co_{0.75}Al_{0.1}Mn_x$ $(x = 0 \sim 0.4)$ 阳极电流$(\log i)$ − 时间(t) 的响应曲线$(+600 \ mV, \ 298 \ K)$

4.5.4　本节小结

本节系统研究了 $LaMg_{0.25}Ni_{3.9-x}Co_{0.75}Al_{0.1}Mn_x$ $(x = 0 \sim 0.4)$ 系列储氢合金的相结构及其电化学性能，研究结论如下：

① 合金均由 $LaNi_5$ 相、La_4MgNi_{19} 相和 $LaNi_2$ 相组成。Mn 元素的添加会降低 La_4MgNi_{19} 相的含量，提高 $LaNi_2$ 相和 $LaNi_5$ 相的含量。

②Mn 元素会降低合金的活化性能、最大放电容量及高倍率放电性能,但能明显改善合金的循环稳定性。研究认为,最大放电容量的下降是合金中 LaNi$_2$ 相的增加所致,高倍率放电性能则受控于氢的扩散系数,而循环稳定性的改善则来源于 Al、Mn 两种元素的协同作用,Al 元素形成的致密氧化膜保护合金电极的同时,也减少了 Mn 元素的腐蚀溶出。

③同样替代量,Mn 与 Al 的协同多元合金化对合金电极的最大放电容量及循环稳定性均有积极影响,结果远好于单组元替代的合金。

第5章　A侧元素部分替代La对A_5B_{19}储氢合金相结构和电化学性能的影响

　　研究表明,A侧Mg含量的变化可以直接影响储氢合金A/B两侧的化学计量比,改变合金相结构,从而明显影响La-Mg-Ni系储氢合金的性能。以往的实验均证明,添加适量的Mg对于提高合金的有效储氢量,改善合金的结构稳定性和热力学性能有着极大的作用。此外,对AB_5储氢合金A侧元素部分替代La的研究表明,添加Ce元素会降低合金的最大放电容量,但可明显改善合金的循环稳定性,在一定范围内还能提高合金的高倍率放电性能,而对其在A_5B_{19}合金中的作用以及最佳添加范围等的研究,报道的较少。因此,本章分别设计了$La_{1-x}Ce_xMg_{0.25}Ni_4Co_{0.75}$($x=0\sim0.4$)和$La_{1-x}Mg_xNi_{2.75}Co_{1.05}$($x=0.05\sim0.15$)系列合金,系统研究了A侧Ce含量变化及Mg与La相对量变化对合金相结构和综合电化学性能的影响。

5.1　Ce部分替代La对$LaMg_{0.25}Ni_4Co_{0.75}$储氢合金的影响

5.1.1　合金的相结构
　　图5-1为$La_{1-x}Ce_xMg_{0.25}Ni_4Co_{0.75}$($x=0\sim0.4$)系列储氢合金的XRD图谱。从该图谱中可以看出,该系列合金由多相组成,主要有$LaNi_5$相、Pr_5Co_{19}相、Ce_5Co_{19}相及少量$CeNi_3$相。所有合金的衍射峰均较尖锐,说明所制备的合金具有长程有序结构,结晶度良好。通过图5-1中的标线比照可以看出,随着Ce含量的增加,合金主相衍射峰逐渐向右偏移,这通常表示合金晶胞参数变小,与Ce元素

的原子半径比 La 的小有关。

采用 Rietveld 方法对获得的衍射数据进行全谱拟合精修,具体拟合结果列于表 5-1。从表 5-1 中可以看出,随着 Ce 含量的增加,$LaNi_5$ 相和 $CeNi_3$ 相的丰度均有逐步增加,分别从由 $x = 0$ 时的 32.2wt% 和 3.8wt% 逐渐增加到 $x = 0.4$ 时的 49.5 wt% 和 15.6wt%。此外,随着 Ce 含量的增加,$LaNi_5$ 相和 A_5B_{19} 相的晶胞体积都呈逐步趋势,而 $CeNi_3$ 相的晶胞体积则先减小后有所增大。

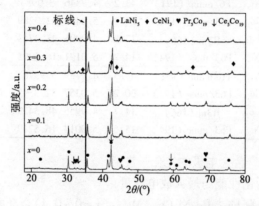

图 5-1 $La_{1-x}Ce_xMg_{0.25}Ni_4Co_{0.75}$ ($x = 0 \sim 0.4$) 合金的 XRD 图谱

表 5-1 $La_{1-x}Ce_xMg_{0.25}Ni_4Co_{0.75}$ ($x = 0 \sim 0.4$) 合金的晶体结构参数和相组成

试样	相	晶体群	相丰度/wt%	晶胞参数/Å a	晶胞参数/Å c	晶胞体积 V/Å³
$x = 0$	$LaNi_5$	P6/mmm (191)	32.2	5.0293	3.9909	87.42
	Pr_5Co_{19}	P63/mmc (194)	28.6	5.0576	32.5326	720.67
	Ce_5Co_{19}	R$\bar{3}$m (166)	35.4	5.0321	48.4511	1062.47
	$CeNi_3$	P63/mmc (194)	3.8	4.9715	16.5606	354.47
$x = 0.1$	$LaNi_5$	P6/mmm (191)	37.8	5.0211	3.9854	87.02
	Pr_5Co_{19}	P63/mmc (194)	36.2	5.0491	32.4982	717.51
	Ce_5Co_{19}	R$\bar{3}$m (166)	20.3	5.0269	48.4499	1060.28
	$CeNi_3$	P63/mmc (194)	5.7	4.9681	16.4684	352.02

试样	相	晶体群	相丰度/wt%	晶胞参数/Å		晶胞体积 $V/Å^3$
				a	c	
$x=0.2$	$LaNi_5$	P6/mmm (191)	38.4	5.0006	3.9956	86.53
	Pr_5Co_{19}	P63/mmc (194)	30.7	5.0552	32.3694	716.38
	Ce_5Co_{19}	$R\overline{3}m$ (166)	21.1	5.0127	48.3971	1053.17
	$CeNi_3$	P63/mmc (194)	9.8	4.9449	16.5960	351.44
$x=0.3$	$LaNi_5$	P6/mmm (191)	43.2	4.9846	3.9983	86.03
	Pr_5Co_{19}	P63/mmc (194)	24.3	5.0431	32.3289	712.06
	Ce_5Co_{19}	$R\overline{3}m$ (166)	17.8	4.9996	48.3713	1047.09
	$CeNi_3$	P63/mmc (194)	14.7	5.0191	16.2995	355.59
$x=0.4$	$LaNi_5$	P6/mmm (191)	49.5	4.9789	3.99758	85.81
	Pr_5Co_{19}	P63/mmc (194)	20.2	5.0357	32.3395	710.22
	Ce_5Co_{19}	$R\overline{3}m$ (166)	14.7	4.9955	48.3429	1044.78
	$CeNi_3$	P63/mmc (194)	15.6	5.0014	16.5219	357.91

5.1.2 合金电极的电化学性能

（1）活化性能与最大放电容量

图 5-2 为 $La_{1-x}Ce_xNi_4Co_{0.75}Mg_{0.25}$（$x=0\sim0.4$）合金电极的活化性能曲线。从图中可以明显地看出，在 $x=0\sim0.2$ 时，其活化性能较好；随着 x 的数值进一步增加，合金的活化性能急剧下降，当 $x=0.4$ 时合金需要 20 次循环才能活化。

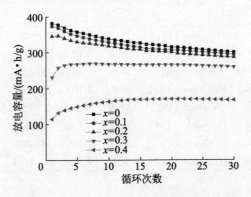

图 5-2 $La_{1-x}Ce_xNi_4Co_{0.75}Mg_{0.25}$（$x=0\sim0.4$）合金电极的活化性能曲线

表 5-2 为 $La_{1-x}Ce_xNi_4Co_{0.75}Mg_{0.25}(x=0\sim0.4)$ 系列合金的电化学性能参数。从表中可以看出,随着 Ce 元素含量的不断增加,合金的最大放电容量不断下降,特别是在 $x=0.3\sim0.4$ 时下降最明显,最大放电容量由 $C_{max}=381.8\ mA\cdot h/g(x=0)$ 减少到 $C_{max}=170.1\ mA\cdot h/g(x=0.4)$。由前面的 XRD 分析结果可知,Ce 含量的增加会导致合金中的主要吸氢相 A_5B_{19} 相减少,从而引起最大放电容量的下降。更为重要的是合金中较小原子半径的 Ce 元素的增加,使合金中各相的晶胞参数均出现不同程度的减小,使得储氢位置减少,从而使合金的最大放电容量减小。与此同时,也会降低吸氢膨胀和粉化程度,从而增加了合金电极的活化次数。

表5-2 $La_{1-x}Ce_xNi_4Co_{0.75}Mg_{0.25}(x=0\sim0.4)$ 合金电极的电化学性能参数

试样	$C_{max}/(mA\cdot h/g)$	N_a	$S_{100}/\%$
$x=0$	381.8	1	53.22
$x=0.1$	372.8	1	57.90
$x=0.2$	346.2	2	60.30
$x=0.3$	268.9	7	72.31
$x=0.4$	170.1	20	71.42

(2) 循环稳定性

图 5-3 为 $La_{1-x}Ce_xNi_4Co_{0.75}Mg_{0.25}(x=0\sim0.4)$ 合金电极的循环稳定性曲线,利用公式(2-5)计算 100 次循环后的容量保持率 (S_{100}),列于表5-2 中。从表5-2 和图5-3 可以发现,随着 Ce 含量的增加,合金电极的循环寿命得到明显改善,S_{100} 由 $x=0$ 时的 53.22% 提高到 $x=0.3$ 时的 72.31%,当 Ce 的含量进一步增加到 $x=0.4$ 时,S_{100} 值有所下降(71.42%),但是仍然高于无 Ce 的合金($x=0$)。研究表明,影响合金充放电循环稳定性的主要因素是合金的氧化和粉化,少量的 Ce 能够和 Al 等其他合金元素在合金表面形成保护性的氧化膜,可以延缓合金的腐蚀。上述合金循环稳定性的改善可能与合金中的 Ce 含量的增加有关,Ce 含量的增加,会使合金电极表面形成的 CeO_2 数量增多,从而可减缓合金电极表面与碱液的接触面积,降低腐蚀速度。同时,最大放电容量的下

降,也会降低合金电极的吸氢膨胀率,减少粉化程度,有利于循环寿命的提高。

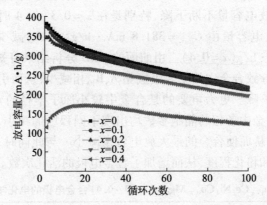

图5-3　$La_{1-x}Ce_xNi_4Co_{0.75}Mg_{0.25}(x=0\sim0.4)$合金电极的循环稳定性曲线

5.1.3　合金电极的动力学性能

（1）高倍率放电性能

图5-4 为 $La_{1-x}Ce_xNi_4Co_{0.75}Mg_{0.25}(x=0\sim0.4)$合金电极的高倍率放电性能曲线。从图中可以看出,随着放电电流增大,合金电极的放电性能下降,同时合金之间性能的差异也明显扩大,这符合储氢合金电极高倍率放电性能的一般规律。在较高放电电流条件下,Ce 含量的增加会明显降低合金的高倍率放电性能。

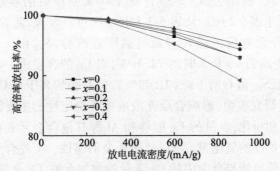

图5-4　合金电极的高倍率放电性能曲线

表5-3 列出了该系列合金的相关动力学性能参数。从表中可

以看出,合金的高倍率放电性能先增加后减小,即在 $x = 0 \sim 0.2$ 时逐渐提升,当进一步增大 x 时又开始下降,当 $x = 0.4$ 时,$HRD_{900} =$ 89.16%。

　　研究认为,合金电极的高倍率放电性能与电荷在电极表面的迁移速率及氢的扩散速率有关。为了解影响合金的动力学性能,需对该系列合金的线性极化、交流阻抗及恒电位阶跃进行测试分析。

表5-3　$La_{1-x}Ce_xNi_4Co_{0.75}Mg_{0.25}$ ($x = 0 \sim 0.4$)合金电极的动力学性能参数

试样	高倍率放电性能 HRD/%			R/Ω	$I_0/$ (mA/g)	$D/$ ($\times 10^{-10}$ $cm^2 \cdot s^{-1}$)
	HRD_{300}	HRD_{600}	HRD_{900}			
$x = 0$	99.23	96.50	92.95	0.62	179.5	1.072
$x = 0.1$	99.35	97.26	94.32	0.54	189.1	0.823
$x = 0.2$	99.47	97.84	95.10	0.64	178.4	0.714
$x = 0.3$	99.31	97.00	92.89	0.66	176.7	0.673
$x = 0.4$	98.97	95.24	89.16	0.69	172.5	0.532

（2）交换电流密度与电化学反应阻抗

　　图5-5为该系列储氢合金的线性极化曲线。从图中可以看出,电极极化电流与过电位之间呈现出较好的线性关系,少量 Ce 元素部分替代 La 会让线性极化曲线的斜率明显变大,但进一步增加 Ce 含量斜率则又变小,即表面催化活性变差。利用公式(2-6)计算出该系列合金电极的交换电流密度值 I_0,列于表5-3中。从表中可以看出,随着 x 值的增加,合金电极的 I_0 先增加到 $x = 0.1$ 时的 189.1 mA/g,后又减小到 $x = 0.4$ 时的 172.5 mA/g,与高倍率放电性能 HRD_{900} 的变化趋势一致。

　　图5-6为 $La_{1-x}Ce_xNi_4Co_{0.75}Mg_{0.25}$ ($x = 0 \sim 0.4$)合金电极在 DOD = 50% 时的电化学阻抗谱。从图中可以看出,所有合金电极的曲线均为典型的电化学交流阻抗,由高频区的小半圆、中低频区的大半圆及斜线几个部分组成。研究认为,中低频区的大半圆反

映了合金电极表面的电化学反应阻抗,对其进行拟合,所得阻抗值列于表 5-3。结合图 5-6 和表 5-3 可以看出,随着 x 值的增加,合金电极的交流阻抗值先减小后逐渐增加,实验规律与线性极化刚好相反,但反映的表面活性结论一致。上述两种测试结果均表明,Ce含量的增加会降低合金表面的电催化活性。研究认为,Ce 含量的增加,在降低最大放电容量的同时,也会减少合金电极的吸氢膨胀率,减少粉化程度,减少反应表面积,再加上合金电极表面形成的 CeO_2 数量增多,降低了合金的表面催化活性。因此,在较少 Ce 含量添加的时候,以上这两个因素影响较小,反而是合金中相组成的变化,促进了表面催化活性的提升,进一步提高 Ce 含量,这两个不利因素增大,高倍率放电性能又逐步下降。

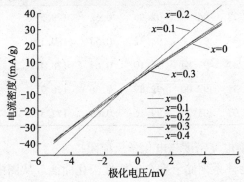

图 5-5　$La_{1-x}Ce_xNi_4Co_{0.75}Mg_{0.25}$ ($x=0\sim0.4$) 合金电极线性极化曲线 (298 K)

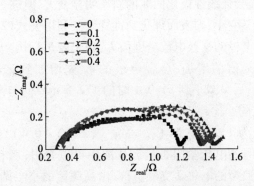

图 5-6　$La_{1-x}Ce_xNi_4Co_{0.75}Mg_{0.25}$ ($x=0\sim0.4$) 合金电极的电化学阻抗谱 (298 K)

（3）氢的扩散系数

图 5-7 所示为满充状态的 $La_{1-x}Ce_xNi_4Co_{0.75}Mg_{0.25}$ ($x = 0 \sim 0.4$) 合金电极的恒电位阶跃曲线。从图中可以看出，随着时间的不断增加，$\log i$ 与 t 基本呈线性关系，根据公式(2-7)计算出氢扩散系数 D 值，记录于表 5-3。从表中可以看出，上述合金电极中氢的扩散系数 D 值随着 Ce 元素含量的增加而减小，说明 Ce 对 La 的替代量较高时明显降低了合金相体内氢的扩散速率，这是导致合金高倍率放电性能下降的重要原因。

为进一步明晰主要影响因素，对 HRD_{900} 的高倍率放电性能与 I_0 和 D 进行关联比较，见图 5-8。从图中可以看出，交换电流密度 I_0 和扩散系数 D 与 HRD_{900} 基本呈线性关系，这一结果表明，合金电极的 HRD_{900} 值与扩散系数 D 值的变化趋势一致，合金电极的高倍率放电性能主要受合金表面的电催化活性和合金中氢的扩散速率的共同作用。

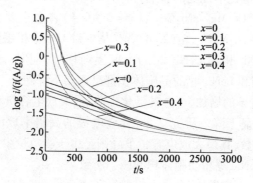

图 5-7　$La_{1-x}Ce_xNi_4Co_{0.75}Mg_{0.25}$ ($x = 0 \sim 0.4$) 合金电极阳极电流($\log i$)−时间(t)的响应曲线(+600 mV, 298 K)

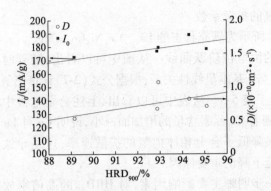

图 5-8 La$_{1-x}$Ce$_x$Ni$_4$Co$_{0.75}$Mg$_{0.25}$($x = 0 \sim 0.4$)合金电极 HRD$_{900}$ 与 I_0 和 D 的关系曲线

5.1.4 本节小结

本节系统研究了 Ce 元素部分取代 La 对 LaMg$_{0.25}$Ni$_4$Co$_{0.75}$ 合金的相结构和电化学性能的影响,得出以下主要结论:

① La$_{1-x}$Ce$_x$Mg$_{0.25}$Ni$_4$Co$_{0.75}$($x = 0 \sim 0.4$)合金主要由 LaNi$_5$ 相(CaCu$_5$ 型)、La$_4$MgNi$_{19}$ 相(A_5B_{19} 型)及少量 CeNi$_3$ 相组成。随着 x 的增加,LaNi$_5$ 相和 CeNi$_3$ 相的丰度逐渐增加,同时,主要吸氢相 La$_4$MgNi$_{19}$ 相和 LaNi$_5$ 相的晶胞体积都呈逐步下降趋势。

② 随着 x 的增加,合金的活化性能、最大放电容量和高倍率放电性能有明显下降。研究认为,合金电极的高倍率放电性能受控于氢扩散系数,其最大放电容量下降则是由于吸氢量少的 CeNi$_3$ 相的增加及 LaNi$_5$ 等相晶胞体积的减小所致。

③ 随着 x 的增加,合金电极的循环寿命得到明显改善,容量保持率 S$_{100}$ 由 $x = 0$ 时的 53.22% 提高到 $x = 0.3$ 时的 72.31%。研究认为,Ce 含量的增加,使合金电极表面形成的 CeO$_2$ 数量增多,减缓了腐蚀速度,同时其最大放电容量的下降减小了吸氢体积膨胀率,降低了合金的粉化程度,从而提高了合金的循环稳定性。

5.2　Mg 部分替代 La 对 La$(Ni,Co)_{3.8}$ 储氢合金的影响

5.2.1　合金的相结构

图 5-9 为 $La_{1-x}Mg_xNi_{2.75}Co_{1.05}$ 合金的 XRD 衍射图谱。由图可以发现，该系列合金均为多相结构，由 $LaNi_5$ 相和 A_5B_{19}（Ce_5Co_{19} + Pr_5Co_{19}）相组成，随着 Mg 添加量的增加，合金内出现了 $CeNi_2$ 相的衍射峰。对 XRD 图谱进行 Rietveld 全谱拟合后获得相关晶胞参数，数据列于表 5-4。由表可知，随着 Mg 含量的增加，$LaNi_5$ 相逐渐减少，相丰度从 68.30%（$x=0.05$）下降至 42.70%（$x=0.15$）。而 Pr_5Co_{19} 相的相丰度则从 4.79%（$x=0.05$）逐渐增加至 26.45%（$x=0.15$）。上述结果表明，在该系列合金中添加 Mg 元素有利于 Pr_5Co_{19} 相的形成，该结果与罗永春等的研究结果基本一致。由于 A_5B_{19} 相比 $LaNi_5$ 相具有更好的综合电化学性能，所以当保证 Mg 元素在合适范围内时，合金电极的综合电化学性能通常会得到明显的提高。

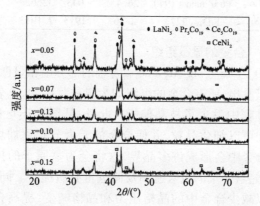

图 5-9　$La_{1-x}Mg_xNi_{2.75}Co_{1.05}$ 合金的 XRD 衍射图谱

表 5-4　$La_{1-x}Mg_xNi_{2.75}Co_{1.05}$ 储氢合金的相组成及晶胞参数

试样	相	晶体群	相丰度/wt%	晶胞参数/Å		晶胞体积 $V/Å^3$
				a	c	
$x=0.05$	$LaNi_5$	P6/mmm（191）	68.30	5.041	3.984	87.56
	Ce_5Co_{19}	R$\bar{3}$m（166）	26.91	5.085	49.310	1105.34
	Pr_5Co_{19}	P63/mmc（194）	4.79	5.060	32.64	721.560
$x=0.07$	$LaNi_5$	P6/mmm（191）	51.85	5.042	3.985	87.72
	Ce_5Co_{19}	R$\bar{3}$m（166）	34.81	5.095	49.150	1105.11
	Pr_5Co_{19}	P63/mmc（194）	13.34	5.027	32.728	716.19
$x=0.10$	$LaNi_5$	P6/mmm（191）	48.71	5.038	3.986	87.63
	Ce_5Co_{19}	R$\bar{3}$m（166）	34.75	5.062	48.856	1084.03
	Pr_5Co_{19}	P63/mmc（194）	16.54	5.095	32.943	740.62
$x=0.13$	$LaNi_5$	P6/mmm（191）	46.76	5.044	3.991	87.92
	Ce_5Co_{19}	R$\bar{3}$m（166）	30.22	5.102	49.46	1114.97
	Pr_5Co_{19}	P63/mmc（194）	23.02	5.061	32.623	723.74
$x=0.15$	$LaNi_5$	P6/mmm（191）	42.70	5.042	3.989	87.81
	Ce_5Co_{19}	R$\bar{3}$m（166）	28.49	5.095	48.677	1094.31
	Pr_5Co_{19}	P63/mmc（194）	26.45	5.043	32.628	718.73
	$CeNi_2$	Fd$\bar{3}$m（227）	2.36	7.1913	7.1913	371.97

5.3.2　合金的显微组织

图 5-10 为 $La_{1-x}Mg_xNi_{2.75}Co_{1.05}$ 合金的部分金相显微组织照片。从图中可以看出，所有合金的组织均为树枝状结构，这表明合金在熔炼冷却过程中发生了枝晶偏析。此外，从图中还可以发现，Mg元素的添加可以细化晶粒，并使合金的元素分布更加均匀。晶粒的细化在合金中会形成许多晶界，这将会为氢原子的扩散提供快速途径，使储氢合金的吸氢速率及储氢量有所提升。同时，成分的均匀化可以减少合金中的晶格压力和晶格畸变，提高合金中吸氢相的相丰度。

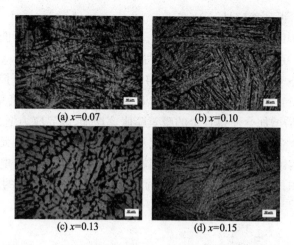

(a) $x=0.07$　　　　　　(b) $x=0.10$

(c) $x=0.13$　　　　　　(d) $x=0.15$

图 5-10　$La_{1-x}Mg_xNi_{2.75}Co_{1.05}$ 合金的金相显微组织照片

5.2.3　合金电极的电化学性能

（1）活化性能和最大放电容量

表 5-5 列出了 $La_{1-x}Mg_xNi_{2.75}Co_{1.05}$ 合金的电化学性能的相关参数。由表可知,该系列合金电极活化性能良好,均只需 2 个循环就能活化。这可能是由于合金中具有两种不同的相,增加了相界缺陷,使氢原子在缺陷处更易发生扩散所致。合金电极的 C_{max} 随着 Mg 替代量的增加, 从 254.00 mA·h/g ($x = 0.05$) 上升至 351.51 mA·h/g($x = 0.15$)。这是由于 A_5B_{19} 相比 $LaNi_5$ 相具有更高的本征储氢量,所以 A_5B_{19} 相的增加会使合金电极具有更大的放电容量,这与相结构的分析结果相符合。

表 5-5　$La_{1-x}Mg_xNi_{2.75}Co_{1.05}$ 储氢合金的电化学性能

试样	$C_{max}/(mA·h/g)$	N_a	$S_{80}/\%$	E_{corr}/V
$x = 0.05$	254.00	2	78.4	−0.923
$x = 0.07$	274.17	2	77.9	−0.935
$x = 0.10$	309.25	2	74.8	−0.948
$x = 0.13$	339.05	2	74.4	−0.959
$x = 0.15$	351.51	2	73.9	−0.963

（2）循环稳定性

图 5-11 为 $La_{1-x}Mg_xNi_{2.75}Co_{1.05}$ 合金电极的循环寿命曲线。结合表 5-5 可以看出，Mg 含量的增加，使 $La_xMg_{1-x}Ni_{1.75}Co_{2.05}$ 合金电极的循环寿命逐渐下降，从 78.4%（$x=0.05$）下降到了 73.9%（$x=0.15$）。从上述分析可知，A_5B_{19} 相拥有较高的储氢量，所以 A_5B_{19} 相的增加会使得合金的吸氢膨胀率增加，晶界应力增大，从而引起了合金在吸放氢过程中粉化程度的加重。同时 Mg 元素在碱液中的耐蚀性较差，加上合金颗粒的粉化会加大合金与电解液的接触面积，使得腐蚀更加严重，进而导致了电极循环寿命的衰减。

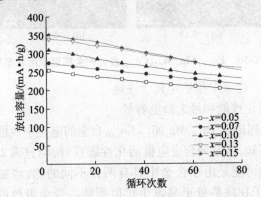

图 5-11 $La_{1-x}Mg_xNi_{2.75}Co_{1.05}$ 合金电极的循环曲线

为进一步分析合金电极的耐腐蚀情况，测试了 $La_{1-x}Mg_xNi_{2.75}Co_{1.05}$ 合金电极的 Tafel 极化曲线，如图 5-12 所示，测得的腐蚀电位结果也列于表 5-6。从图 5-12 和表 5-6 可以看出，Mg 替代量的提高，使合金的腐蚀电位从 $x=0.05$ 时的 -0.923 V 降低至 $x=0.15$ 时的 -0.963 V。这说明 Mg 元素的增加会降低合金电极的抗腐蚀性能，不利于电极循环寿命的改善。

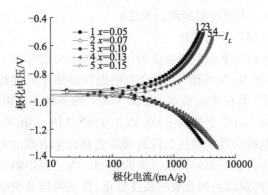

图 5-12　$La_{1-x}Mg_xNi_{2.75}Co_{1.05}$ 合金电极的 Tafel 极化曲线

（3）电化学 *P-C-T* 曲线

图 5-13 为 $La_{1-x}Mg_xNi_{2.75}Co_{1.05}$ 合金的不同压力下的放氢曲线（298 K）。由图可以看出，合金的放氢平台均包括两部分。研究表明，A_5B_{19} 型合金形成的氢化物具有更好的稳定性，A_5B_{19} 相的放氢平台压力比 $LaNi_5$ 相低。合金中的吸氢主相只有 A_5B_{19} 相和 $LaNi_5$ 相，所以高低两个平台分别属于 $LaNi_5$ 相和 A_5B_{19} 相。此外，从图 5-13 和表 5-5 还可看出，随着 Mg 替代量的增加，合金电极放氢平台的压力呈下降趋势，同时其宽度明显增加，显示了更高的储氢量。这可能是因为合金中 A_5B_{19} 相的增多，而 A_5B_{19} 相可以储存更多的氢原子（1.4%）。

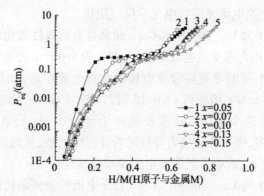

图 5-13　$La_{1-x}Mg_xNi_{2.75}Co_{1.05}$ 合金在 298 K 时的 *P-C-T* 曲线

5.2.4　合金电极的动力学性能

(1) 高倍率放电性能

表5-6列出了该系列合金的相关动力学性能参数。从表中可以看出,随着 Mg 元素的增加,合金电极的高倍率放电性能得到明显改善,尤其是在大电流密度 900 mA/g 的条件下,HRD_{900} 从 $x = 0.05$ 时的 44.04% 上升到 $x = 0.15$ 时的 85.34%。相关研究认为,储氢合金电极的高倍率放电性能通常受到合金表面的电化学反应速率和氢在合金内部的扩散速率的影响。为了解影响合金的动力学性能,同样对该系列合金的线性极化、交流阻抗及恒电位阶跃进行测试分析。

表 5-6　$La_{1-x}Mg_xNi_{2.75}Co_{1.05}$ 合金电极的动力学性能

试样	高倍率放电性能			$I_0/$ (mA/g)	$R/$ Ω	$D/$ ($\times 10^{-10} cm^2 \cdot s^{-1}$)	$I_L/$ (mA/g)
	HRD_{300}	HRD_{600}	HRD_{900}				
$x = 0.05$	87.79	61.34	44.04	180.7	0.595	0.71	2631.5
$x = 0.07$	88.19	70.42	62.82	183.3	0.578	1.05	2990.3
$x = 0.10$	91.79	73.12	70.42	198.7	0.512	1.06	3023.3
$x = 0.13$	95.74	81.77	75.02	230.8	0.484	1.12	4275.8
$x = 0.15$	98.21	90.54	85.34	239.3	0.421	1.07	3680.8

(2) 交换电流密度与电化学反应阻抗

图 5-14 为 $La_{1-x}Mg_xNi_{2.75}Co_{1.05}$ 储氢合金的线性极化曲线,根据公式(2-6)拟合得交换电流密度 I_0,列于表 5-6。由表可知,镁替代量 x 的增加,可明显提高合金电极的交换电流密度,如从 $x = 0.05$ 时的 180.7 mA/g 增加到 $x = 0.15$ 时的 239.3 mA/g,使电极表面的电化学反应速率加快。这主要是由于合金中 Mg 元素的增加使 A_5B_{19} 相增多,吸氢膨胀应力导致的粉化程度增加,从而增大了合金电极的表面积,改善了其表面电化学催化活性。

图 5-15 为 $La_{1-x}Mg_xNi_{2.75}Co_{1.05}$ 合金电极的交流阻抗图谱,所有的阻抗谱都是在开路电位下测得。可以看出,该系列合金的阻抗

图谱显示了良好的完整曲线,第二段的中低频段小半圆,随着 x 的增加有所减小,对其拟合后所得数据列于表 5-6。由表可知,Mg 替代量的提升使对应的电荷转移阻抗 R 逐渐从 $x = 0.05$ 时的 0.595 Ω 降低至 $x = 0.15$ 时的 0.421 Ω,这与交换电流密度的变化成反比,进一步说明了合金表面的电化学反应速率的升高。

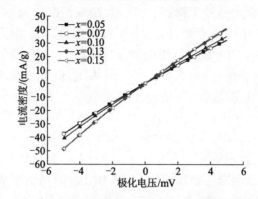

图 5-14　$La_{1-x}Mg_xNi_{2.75}Co_{1.05}$ 合金电极线性极化曲线(298 K)

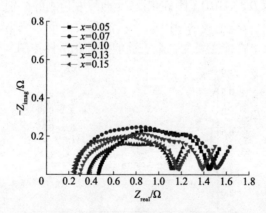

图 5-15　$La_{1-x}Mg_xNi_{2.75}Co_{1.05}$ 合金电极的电化学阻抗谱(298 K)

(3)极限电流密度与氢的扩散系数

测试合金电极的极限电流密度,其数据结果列于表 5-6。从表中可以看出,合金电极的极限电流密度 I_L 从 2631.5 mA/g($x = 0.05$)增加到 4275.78 mA/g($x = 0.13$),随后又降低至

3680. 8 mA/g($x = 0.15$),这与合金电极中氢的扩散系数的变化规律相一致。

图 5-16 为 $La_{1-x}Mg_xNi_{2.75}Co_{1.05}$ 合金电极的恒电位阶跃曲线。由图可看出,合金电极的恒电位阶跃可分为两个阶段:第一阶段,当开始进入阶跃时,合金表面的氢原子会被快速放出,导致氢原子的氧化电流随之迅速下降;第二阶段,随着阶跃时间增长,氧化电流的下降趋势逐渐变慢,$\log i$ 和 t 可近似地看作线性关系。对图 5-16 中的第二阶段进行线性拟合,根据公式(2-7)得氢的扩散系数 D,列于表 5-6。由表 5-6 及图 5-16 可知,Mg 的加入加快了电极内部氢原子的扩散,使得氢原子的扩散系数 D 从 $x = 0.05$ 时的 0.71×10^{-10} $cm^2 \cdot s^{-1}$ 增加到 $x = 0.13$ 时的 1.12×10^{-10} $cm^2 \cdot s^{-1}$。虽然随后又降低至 $x = 0.15$ 时的 1.07×10^{-10} $cm^2 \cdot s^{-1}$,但是总体而言,有了较大的提升。

为进一步明晰主要影响因素,对 HRD_{900} 的高倍率放电性能与 I_0 和 D 进行关联比较,见图 5-17。从图可以看出,交换电流密度 I_0 和扩散系数 D 与 HRD_{900} 刚好相反,在曲线左边刚好分别上下翘,这一结果表明,合金电极的 HRD_{900} 受扩散系数 D 的影响小,合金电极的高倍率放电性能主要受合金表面的电催化活性控制。

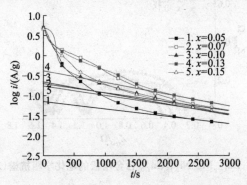

图 5-16 $La_{1-x}Mg_xNi_{2.75}Co_{1.05}$ 合金电极阳极电流($\log i$) – 时间(t)的响应曲线(+600 mV, 298 K)

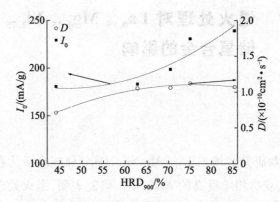

图 5-17　$La_{1-x}Mg_xNi_{2.75}Co_{1.05}$合金电极 HRD_{900}
与 I_0 和 D 的关系曲线

5.2.5　本节小结

本节系统研究了 Mg 部分替代 La 对 $LaNi_{2.75}Co_{1.05}$合金的相结构及电化学性能的影响,得出以下结论:

① 合金主要由 AB_5 相和 A_5B_{19} 相组成。随 Mg 含量的增加,合金中的主相由 $LaNi_5$ 相变成了 A_5B_{19} 相,并出现了少量的 AB_2 相,说明 Mg 的加入会促进 A_5B_{19} 相的形成。合金显微组织均为树枝晶,随 Mg 含量的增加,晶粒细化。

② 该系列合金易于活化,Mg 含量 x 的增加,对活化性能基本无影响,但会明显提高合金的最大放电容量和高倍率放电性能。研究认为,这与合金中 A_5B_{19}相的增加及电化学放氢平台的降低有关。吸氢量较高的 A_5B_{19} 相的增加,必然会提高合金的最大放电容量,增加吸氢膨胀应力,加速粉化,增加反应表面积,提高合金电极的催化活性,但会降低合金的循环寿命。

③ 此外,随 Mg 含量的增加,合金电极的腐蚀电位下降明显,从 $x=0.05$ 时的 -0.923 V 降低至 $x=0.15$ 时的 -0.963 V。说明 Mg 元素的增加,会降低合金电极的抗腐蚀性能,不利于电极循环寿命的改善。

第6章 退火处理对 $La_{0.85}Mg_{0.15}Ni_{2.75}Co_{1.05}$ 储氢合金的影响

第5章研究的铸态 $La_{1-x}Mg_xNi_{2.75}Co_{1.05}$ 储氢合金均存在枝晶偏析,无法获得相丰度高的 A_5B_{19} 相。研究表明,退火处理可以减少合金元素的偏析,使合金中非平衡第二相减少或消失,并消除合金的内应力,有效提高储氢合金的放电容量和循环稳定性。Wan等采用原位中子衍射法研究了 La_2MgNi_9 合金从 300 K 到 1273 K 的相结构变化,发现铸态合金由 La_2MgNi_9、$LaMgNi_4$、$LaNi_5$、La_4MgNi_{19} 等多种相组成,随着退火温度提高,会发生多种转变,最后当退火温度超过 1223 K 时,La_4MgNi_{19} 会由 3R 相转变为 2H 相并出现液相,但在另一 Nd 元素添加的研究中在同一温度并未发生液相转变,这充分说明了 La-Mg-Ni 系储氢合金退火处理的复杂性。为获得高丰度的 A_5B_{19} 相,提高合金的综合电化学性能。本章选取第5章中放电容量高的 $La_{0.85}Mg_{0.15}Ni_{2.75}Co_{1.05}$ 合金,先在 1223 K 进行不同退火时间(4,8,16 h)处理,研究退火时间对合金相结构和电化学性能的影响。在此基础上,再选定退火时间,改变退火温度来研究其对合金相结构和性能的影响,探索获得具有较好综合电化学性能 A_5B_{19} 相的合适的热处理方法。

6.1 退火时间对 $La_{0.85}Mg_{0.15}Ni_{2.75}Co_{1.05}$ 合金相结构及性能的影响

6.1.1 合金的相结构

图 6-1 为 $La_{0.85}Mg_{0.15}Ni_{2.75}Co_{1.05}$ 储氢合金在 1223 K 条件下,分别退火 4,8,16 h 后的 XRD 图谱。由图可知,合金中包含的相分别

有 LaNi$_5$、La$_4$MgNi$_{19}$和 Ce$_2$Ni$_7$ 相。分析图 6-1 可知,退火时间的延长,使 LaNi$_5$ 相的衍射峰强度先变强后变弱,而 A$_5$B$_{19}$相的衍射峰却与之相反,先变弱再变强,Ce$_2$Ni$_7$ 相的衍射峰则不断降低。根据 Rietveld 全谱拟合得到的 La$_{0.85}$Mg$_{0.15}$Ni$_{2.75}$Co$_{1.05}$合金中各个物相的相丰度及其晶胞参数列于表 6-1。

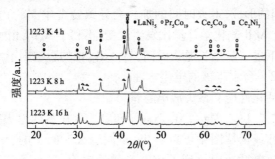

图 6-1　La$_{0.85}$Mg$_{0.15}$Ni$_{2.75}$Co$_{1.05}$储氢合金的 XRD 图谱

表 6-1　退火态 La$_{0.85}$Mg$_{0.15}$Ni$_{2.75}$Co$_{1.05}$储氢合金的晶体结构参数和相成

试样	相	晶体群	相丰度/wt%	晶胞参数/Å a	晶胞参数/Å c	晶胞体积 V/Å^3
1223 K 4 h	LaNi$_5$	P6/mmm	0.61	5.1421	3.7964	87.08
	Ce$_5$Co$_{19}$	R$\bar{3}$m	43.83	5.0562	48.5691	1075.35
	Pr$_5$Co$_{19}$	P63/mmc	39.21	5.0552	32.2917	714.60
	Ce$_2$Ni$_7$	P63/mmc	16.35	5.0566	24.2926	537.97
1223 K 8 h	LaNi$_5$	P6/mmm	50.84	5.0078	3.9992	86.86
	Ce$_5$Co$_{19}$	R$\bar{3}$m	29.99	5.0645	48.5875	1079.27
	Pr$_5$Co$_{19}$	P63/mmc	15.12	5.0556	32.3911	716.97
	Ce$_2$Ni$_7$	P63/mmc	4.05	4.9568	24.7141	525.87
1223 K 16 h	LaNi$_5$	P6/mmm	46.91	5.0531	3.9926	88.23
	Ce$_5$Co$_{19}$	R$\bar{3}$m	39.33	5.0629	48.4160	1074.26
	Pr$_5$Co$_{19}$	P63/mmc	11.65	5.0428	32.3534	711.22
	Ce$_2$Ni$_7$	P63/mmc	2.11	4.9568	24.7141	525.87

从表 6-1 中可以发现,退火时间的延长,使储氢合金中各相丰度呈现出不同的变化趋势:LaNi$_5$的相丰度先增后降,从 0.61wt%

（4 h）增加到 50.84wt%（8 h），然后降低至 46.91wt%（16 h）。而 A_5B_{19} 相（$Ce_5Co_{19} + Pr_5Co_{19}$）的相丰度先降低后增加，从 83.04 wt%（4 h）降低至 45.11wt%（8 h）后增加到 50.98wt%（16 h）。Ce_2Ni_7 相的相丰度则逐渐减小，从 16.35 wt%（4 h）减少到 2.11wt%（16 h）。综上所述，当退火温度为 1223 K 时，较少的退火时间有利于 A_5B_{19} 相的形成，退火时间的加长会导致合金中 Mg 元素的不断挥发，导致 A/B 侧化学计量比发生改变，不利于 A_5B_{19} 相的形成，而在该温度下进一步延长退化时间，对 A_5B_{19} 相的影响则不太明显。

6.1.2 合金电极的电化学性能

（1）活化性能和最大放电容量

图 6-2 为 $La_{0.85}Mg_{0.15}Ni_{2.75}Co_{1.05}$ 储氢合金在不同退火时间下的活化性能曲线。从图中可以看出，不同退火时间下的合金电极均在 2 次充放电循环内达到了放电容量最大值，显示了该系列合金优异的活化性能。这可能是因为合金中具有多种相结构，吸放氢过程中的不同晶格膨胀率导致晶界处应力集中比较明显，合金较易吸氢粉化，提高了合金电极的表面积，从而有效地提高 $La_{0.85}Mg_{0.15}$-$Ni_{2.75}Co_{1.05}$ 储氢合金的活化性能。

表 6-2 列出了不同退火时间下 $La_{0.85}Mg_{0.15}Ni_{2.75}Co_{1.05}$ 合金的电化学性能。从表中可以看出，电极的 C_{max} 随退火时间的延长先降低后上升，从 375.13 mA·h/g（4 h）降低至 351.87 mA·h/g（8 h），然后增加到 353.59 mA·h/g（16 h）。根据之前的相分析结果可知，退火时间为 4 h 时 A_5B_{19} 相的相丰度最高，为 83.04wt%，同时 A_5B_{19} 相 Laves 堆垛结构储氢量大，有利于吸放氢过程进行，所以退火 4 h 时后的合金显示了最高的最大放电容量。当退火时间进一步延长时，Mg 的挥发增加，放电容量下降，当继续延长退火时间，Mg 的挥发达到一定程度，变化不再明显，但退火时间的延长仍能进一步改善合金成分的均匀性，从而有利于合金放电容量的些许提升。

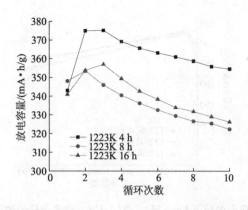

图 6-2　退火 $La_{0.85}Mg_{0.15}Ni_{2.75}Co_{1.05}$储氢合金的活化性能曲线

表 6-2　退火 $La_{0.85}Mg_{0.15}Ni_{2.75}Co_{1.05}$储氢合金电化学性能参数

试样	$C_{max}/(mA \cdot h/g)$	N_a	$S_{100}/\%$
1223 K 4 h	375.13	2	78.31%
1223 K 8 h	351.87	2	72.43%
1223 K 16 h	353.59	2	72.93%

（2）循环稳定性

图 6-3 为 $La_{0.85}Mg_{0.15}Ni_{2.75}Co_{1.05}$合金电极的循环稳定性曲线。从图中可知,退火时间的增加,使合金电极的循环稳定性明显下降,其容量保持率 S_{100} 从 78.31%（4 h）降低至 72.43%（8 h）和 72.93%（16 h）。结合合金组成相的相丰度分析可知,8 h 和 16 h 退火的合金,其 A_5B_{19} 相和 $LaNi_5$ 相的含量很小,分别为 45% 和 50% 左右,近乎 1∶1,这时候两相的相界最多,当两种主要吸氢相的吸氢量不一致时,在相界处必然产生应力集中,合金电极容易粉化,从而导致与电解液接触面积增大,耐腐蚀性降低。因此,应通过退火处理,改变两种主要吸氢相含量相近的情况,可能有利于合金循环寿命的提升。

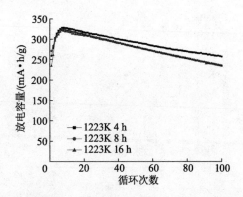

图 6-3 不同退火时间下 $La_{0.85}Mg_{0.15}Ni_{2.75}Co_{1.05}$ 合金电极的循环稳定性曲线

6.1.3 合金电极的动力学性能

（1）高倍率放电性能

图 6-4 为 $La_{0.85}Mg_{0.15}Ni_{2.75}Co_{1.05}$ 合金电极的高倍率放电性能曲线。从图中可以看出，退火 8 h 和 16 h 的合金电极的高倍率放电性能有明显提升，尤其是在较高放电电流条件下，表现更为明显。

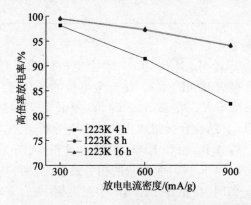

图 6-4 $La_{0.85}Mg_{0.15}Ni_{2.75}Co_{1.05}$ 合金电极的高倍率放电性能曲线

表 6-3 列出了该系列合金的相关动力学性能参数。由表中数据可知，退火时间的增加，可以使合金电极的 HRD_{900} 逐步从 82.36%（4 h）上升到 94.13%（16 h）。由前述分析可知，退火时间延长，会使合金相吸氢膨胀导致的应力增大，粉化加剧，反应表面

积增加,可提高合金电极的高倍率放电性能。为进一步深入了解各参数对合金电极高倍率放电性能的影响,测试了合金电极的交换电流密度(I_0)、电化学反应阻抗(R)和氢原子在合金内扩散速率(D),数据结果列于表 6-3。

表 6-3　$La_{0.85}Mg_{0.15}Ni_{2.75}Co_{1.05}$ 合金电极的动力学性能参数

试样	高倍率放电性能/%			$R/$ Ω	$I_0/$ (mA/g)	$I_L/$ (mA/g)	$D/$ ($\times10^{-10}cm^2 \cdot s^{-1}$)
	HRD_{300}	HRD_{600}	HRD_{900}				
1223 K 4 h	98.14	91.43	82.36	0.386	164.1	3003.55	0.7464
1223 K 8 h	99.44	97.19	93.99	0.341	168.9	3416.02	1.5447
1223 K 16 h	99.55	97.38	94.13	0.262	344.6	4070.41	1.4603

(2)交换电流密度与电化学反应阻抗

图 6-5 所示为 $La_{0.85}Mg_{0.15}Ni_{2.75}Co_{1.05}$ 合金电极的线性极化曲线。从图中可以看出,电极极化电流与过电位之间呈现出较好的线性关系,退火 16 h 的合金电极明显显示了更高的斜率,根据公式(2-6)可以计算得到各合金电极的 I_0,列于表 6-3。由表可知,I_0 随着退火时间的延长从 164.1 mA/g 增加到 344.6 mA/g,有显著改善。其原因与前述分析循环寿命、最大放电容量时的结论一致,即 A_5B_{19} 相的增加使吸氢膨胀增大,加剧粉化,增大了反应表面积所致。

图 6-6 为退火态 $La_{0.85}Mg_{0.15}Ni_{2.75}Co_{1.05}$ 合金电极的交流阻抗图谱。从图中可以看出,该系列合金的阻抗图谱显示了良好的完整曲线,第二段的中低频段小半圆,随退火时间的增加明显减小,对其拟合后,将所得数据列于表 6-3。从表中可以看出,随着退火时间的延长,合金的交流阻抗 R 值逐渐降低,从 0.386 Ω(4 h,1223 K)降低到 0.262 Ω(16 h,1223 K)。这与交换电流密度的变化成反比,刚好从另一个方面证实合金表面电化学反应速率的升高。

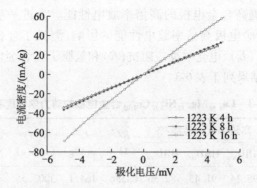

图 6-5　$La_{0.85}Mg_{0.15}Ni_{2.75}Co_{1.05}$ 合金电极的线性极化曲线

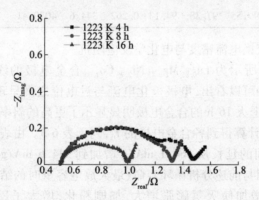

图 6-6　$La_{0.85}Mg_{0.15}Ni_{2.75}Co_{1.05}$ 合金电极的交流阻抗图谱

（3）极限电流密度与氢的扩散系数

图 6-7 为不同退火时间 $La_{0.85}Mg_{0.15}Ni_{2.75}Co_{1.05}$ 合金电极的阳极极化曲线。从图中可以看出，合金电极的极限电流密度很大，基本都在 3000 mA/g 以上，并且随退火时间的延长，明显逐步增大，与合金电极 I_0 的变化规律一致。

图 6-8 为 $La_{0.85}Mg_{0.15}Ni_{2.75}Co_{1.05}$ 合金电极在充满状态下的恒电位阶跃曲线。从图中可以看出，在曲线末端，$\log i$ 和 t 可近似地看作线性关系，作其切线，根据公式（2-7）可以计算得出氢原子在合金中的扩散系数 D，具体数值列于表 6-3。从表中可以看出，随着退

火时间的延长,氢扩散系数 D 先从 4 h 时的 0.7464×10^{-10} cm$^2 \cdot$ s^{-1} 明显增加到 8 h 时的 1.5447×10^{-10} cm$^2 \cdot$ s^{-1},再次延长退火时间到 16 h 时,又有些许下降,与合金电极的高倍率变化规律不同。结合反映合金电极催化活性的线性极化、阻抗与高倍率放电性能高度一致的结果,可以认为影响该系列合金电极 HRD 的提升主要受合金电极表面的电催化活性。

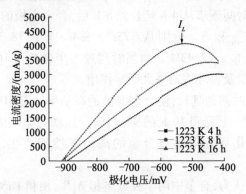

图 6-7　不同退火时间下 La$_{0.85}$Mg$_{0.15}$Ni$_{2.75}$Co$_{1.05}$
合金电极的阳极化曲线

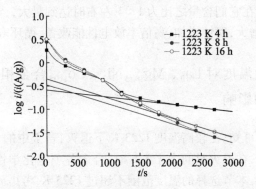

图 6-8　不同退火时间下 La$_{0.85}$Mg$_{0.15}$Ni$_{2.75}$Co$_{1.05}$
阳极电流($\log i$) – 时间(t)的响应曲线(+600 mV, 298 K)

6.1.4　本节小结

本节主要研究了退火时间长短对 La$_{0.85}$Mg$_{0.15}$Ni$_{2.75}$Co$_{1.05}$储氢合

金结构及性能的影响。得到以下结论：

① 退火态 $La_{0.85}Mg_{0.15}Ni_{2.75}Co_{1.05}$ 储氢合金主要由 $LaNi_5$ 相、Ce_2Ni_7 相及 La_4MgNi_{19} 相组成。其中，La_4MgNi_{19} 相为重点研究的相结构，其相丰度随着退火时间的延长先减少后增加，退火 4 h 时相丰度最高，为 83.04wt%。

② 退火态合金电极易于活化，均可在 2 个循环内实现完全活化。当退火时间逐步从 4 h 延长到 8 h 后，合金电极的各项性能均有所下降，C_{max} 和 S_{100} 分别从 375.13 mA·h/g、78.31% 下降到 351.87 mA·h/g、72.43%。而当时间进一步延长至 16 h 后，则对合金电极容量及循环寿命并无明显作用。

③ 退火时间的延长，使合金电极的高倍率性能 HRD_{900} 逐步从 4 h 的 82.36% 上升到 16 h 的 94.13%。经动力学性能分析，合金表面的电催化活性对提高合金的高倍率性能产生了决定性的影响。

④ 研究认为，合金中两个吸氢主相 A_5B_{19} 相和 $LaNi_5$ 相的相丰度变化，是影响最大放电容量、高倍率放电性能和循环稳定性的主要因素。A_5B_{19} 相和 $LaNi_5$ 相吸氢膨胀的不一致在相界处产生的应力集中可能在它们含量之比为 1∶1 左右时达到最大，导致粉化严重，表面积增大，腐蚀增加，高倍率放电性能改善，循环寿命下降。

6.2 退火温度对 $La_{0.85}Mg_{0.15}Ni_{2.75}Co_{1.05}$ 合金相结构及性能的影响

由上节可知，在较高温度 1223 K 下退火，合金中的 Mg 元素挥发较为严重，在退火时间大于 8 h 时，合金各项电化学性能有明显下降。因此，本节选择的温度范围不超过 1223 K，考虑到退火温度的降低，需要适当增加退火时间，选择退火时间为 8 h。

6.2.1 合金的相结构

图 6-9 为 $La_{0.85}Mg_{0.15}Ni_{2.75}Co_{1.05}$ 储氢合金分别在 1123 K、1173 K 及 1223 K 三个温度下退火的 XRD 图谱。如图所示，合金

中主要有三种不同的相组成,分别为 $LaNi_5$ 相、$(La,Mg)_2(Ni,Co)_7$ 相及 $(La,Mg)_5(Ni,Co)_{19}$ 相。图中 $LaNi_5$ 相的衍射峰强度的减弱可以说明该相的含量在不断减少,而 A_5B_{19} 相的衍射峰则先增强后减弱。根据 Rietveld 全谱拟合得到各相的相丰度及其参数,列于表 6-4。

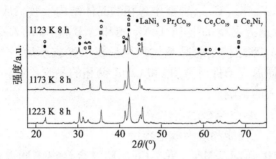

图 6-9　$La_{0.85}Mg_{0.15}Ni_{2.75}Co_{1.05}$ 储氢合金的 XRD 图谱

表 6-4　退火态 $La_{0.85}Mg_{0.15}Ni_{2.75}Co_{1.05}$ 储氢合金的晶体结构参数和相组成

试样	相	晶体群	相丰度/wt%	晶胞参数/Å a	晶胞参数/Å c	晶胞体积 $V/Å^3$
1123 K 8 h	$LaNi_5$	P6/mmm	20.17	5.0479	3.9946	88.16
	Ce_5Co_{19}	$R\bar{3}m$	9.44	5.0549	48.4896	1073.15
	Pr_5Co_{19}	P63/mmc	23.30	5.0546	32.4160	717.12
	Ce_2Ni_7	P63/mmc	47.09	4.8852	25.1059	518.98
1173 K 8 h	$LaNi_5$	P6/mmm	3.80	4.9857	4.0250	86.75
	Ce_5Co_{19}	$R\bar{3}m$	59.72	5.0573	48.4737	1071.77
	Pr_5Co_{19}	P63/mmc	27.92	5.0532	32.3193	711.99
	Ce_2Ni_7	P63/mmc	8.56	4.9700	24.5220	521.98
1223 K 8 h	$LaNi_5$	P6/mmm	50.83	5.0078	3.9992	86.86
	Ce_5Co_{19}	$R\bar{3}m$	29.99	5.0645	48.5875	1079.27
	Pr_5Co_{19}	P63/mmc	15.12	5.0556	32.3911	716.97
	Ce_2Ni_7	P63/mmc	4.06	4.9568	24.7141	525.87

从表6-4可以看出,在1123 K保温8 h的退火条件下 $LaNi_5$ 相的相丰度为20.17wt%,随着温度的增加,它的相丰度先减小后增加到50.83wt%(1223 K 8 h)。而 A_5B_{19} 相随着退火温度的上升,先较大幅度的从32.74wt%(1123K 8 h)增加到87.64wt%(1173 K 8 h),然后又降低到45.11wt%(1223 K 8 h)。此外,表6-4还列出了 $La_{0.85}Mg_{0.15}Ni_{2.75}Co_{1.05}$ 合金中各相的晶体结构参数。从表中可以看出,随着退火温度的上升,$LaNi_5$ 相和 A_5B_{19} 相中的 Ce_5Co_{19} 型结构与 Pr_5Co_{19} 型结构相的晶胞体积均呈现出先减小后增大的趋势。这说明不同退火条件对 A_5B_{19} 和 $LaNi_5$ 两相的晶胞参数和晶胞体积都有着较大的影响。

6.2.2 合金电极的电化学性能

(1) 活化性能和最大放电容量

图 6-10 是 $La_{0.85}Mg_{0.15}Ni_{2.75}Co_{1.05}$ 储氢合金在不同退火温度下的活化性能曲线。由图可知,三种温度下的合金电极的活化次数均为 2 次,显示出该系列合金电极具有良好的活化性能。原因可能是少量 Co 的添加可以提高合金的表面活性,且合金的多相结构也使得合金中不同相间的界面处存在许多缺陷,降低了氢原子的扩散激活能,提升了该合金的活化性能。

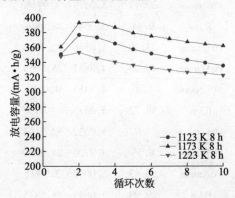

图6-10 退火 $La_{0.85}Mg_{0.15}Ni_{2.75}Co_{1.05}$ 储氢合金的活化性能曲线

表6-5列出了 $La_{0.85}Mg_{0.15}Ni_{2.75}Co_{1.05}$ 合金电极在不同退火温度下的电化学性能。由表可知,退火温度的上升,使合金电极的最大

放电容量 C_{max} 先增后减,当温度为 1173 K 时达到最高值 394.44 mA·h/g,这主要是高吸氢量的 A_5B_{19} 相的含量变化所致。退火温度的升高,使合金反应更充分,降低了合金中存在的偏析相,使成分不断地趋于均匀化。由于合金熔炼凝固时,极易先析出熔点较高的 $LaNi_5$ 相,A_5B_{19} 型相需要固相与液相反应生成,当不平衡凝固时,A_5B_{19} 型相的含量较低,其提升需要后期适当退火促进反应的进行。

表6-5　退火 $La_{0.85}Mg_{0.15}Ni_{2.75}Co_{1.05}$储氢合金电化学性能参数

试样	$C_{max}/(mA·h/g)$	N_a	$S_{100}/\%$
1123 K 8 h	376.91	2	73.25
1173 K 8 h	394.44	2	82.36
1223 K 8 h	351.87	2	72.43

（2）循环稳定性

图 6-11 所示为 $La_{0.85}Mg_{0.15}Ni_{2.75}Co_{1.05}$ 合金电极的循环稳定性曲线。从图中可以看出,退火温度为 1173 K 时,合金电极显示了最好的放电容量保持率,根据公式(2-5)计算合金电极 100 次后的容量保持率 S_{100},列于表6-5。结合表 6-5 和图 6-11 可知,升高退火温度对合金电极的稳定性产生了较大的影响,与对最大放电容量的影响相同,即先增后减,从 1123 K 时的 73.25% 上升到 1173 K 时的82.36%,这主要是由于退火温度的升高减少了偏析相,均匀化了组织,合金中 A_5B_{19} 相为主要相时,应力和吸氢粉化程度相对较小,从而提高了循环稳定性。但是,当退火温度继续上升至 1223 K 时,容量保持率下降至 72.43%,原因可能是较高的温度使 Mg 的挥发量迅速增加,影响了合金的化学计量比,使 A_5B_{19} 相减少到与 $LaNi_5$相的含量相近,两者吸氢膨胀率的不一致,使应力增加,合金的粉化程度进一步恶化,导致循环寿命降低。

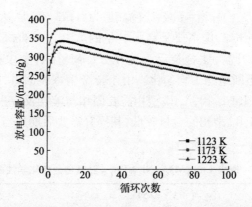

图 6-11 不同退火温度下 $La_{0.85}Mg_{0.15}Ni_{2.75}Co_{1.05}$ 合金电极的循环稳定性曲线

6.2.3 合金电极的动力学性能

（1）高倍率放电性能

图 6-12 为不同退火温度下合金电极的高倍率放电性能曲线。从图中可以看出，在 300 mA/g 的低电流密度下放电时，三种退火温度合金电极的放电性能相近，但是在 900 mA/g 的高放电电流密度下，三种退火温度合金电极的放电性能有着显著的差距。

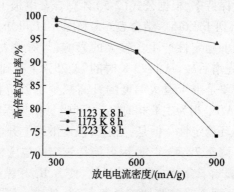

图 6-12 $La_{0.85}Mg_{0.15}Ni_{2.75}Co_{1.05}$ 合金电极的高倍率放电性能曲线

表 6-6 列出了该系列合金的相关动力学性能参数。从表中可以看出，高倍率放电性能 HRD_{900} 从 1123 K 时的 74.17% 到 1173 K 时的 92.27%，再到 1223 K 时的 93.99%，呈上升趋势，说明退火温

度的增加能使合金的动力学性能提高。影响合金电极的高倍率放电性能主要有两个因素,一是表面的电化学反应,可由交换电流密度体现;二是合金内部氢原子的转移,可由氢的扩散系数体现。

为了解影响合金的动力学性能,对该系列合金的线性极化、交流阻抗及恒电位阶跃进行了测试分析,具体数据列于表 6-6。

表 6-6　$La_{0.85}Mg_{0.15}Ni_{2.75}Co_{1.05}$ 合金电极的动力学性能参数

试样	高倍率放电性能 HRD/%			$R/$ Ω	$I_0/$ (mA/g)	$I_L/$ (mA/g)	$D/$ ($\times 10^{-10} cm^2 \cdot s^{-1}$)
	HRD_{300}	HRD_{600}	HRD_{900}				
1123 K 8 h	98.95	92.37	74.17	0.513	220.514	3122.67	1.07
1173 K 8 h	99.60	97.09	92.27	0.508	244.848	3303.13	0.85
1223 K 8 h	99.44	97.19	93.99	0.408	287.495	3416.02	1.50

(2) 交换电流密度与电化学反应阻抗

图 6-13 为 $La_{0.85}Mg_{0.15}Ni_{2.75}Co_{1.05}$ 合金电极的线性极化曲线。从图中可以看出,当退火温度从 1123 K 升至 1223 K 时,斜率在不断增大,表明催化活性得到改善,具体数据结果列于表 6-6。从表中可以看出,I_0 的数值随退火温度的上升从 220.514 mA/g 增加到 287.495 mA/g,这与高倍率放电性能 HRD_{900} 不断增加的变化趋势相同。其原因与前述分析循环寿命、最大放电容量的结论一致。

图 6-14 为不同退火温度 $La_{0.85}Mg_{0.15}Ni_{2.75}Co_{1.05}$ 合金电极的交流阻抗图谱。合金电极表面的电化学反应阻抗主要反映在中低频区,而合金内氢的扩散阻抗主要反映在图 6-14 中低频区的直线斜率。从图 6-14 可以看出,退火温度的提高,使中低频范围内半圆的半径逐渐缩小,反映了阻抗的不断减小,拟合数据同样列于表 6-6。从表中可以看出,随着退火温度的提高,合金的交流阻抗 R 值逐渐降低,从 0.513 Ω(1123 K,8 h)减小到 0.408 Ω (1223 K,8 h)。这与交换电流密度的变化成反比,刚好从另一个方面证实了合金表

面电化学反应速率的升高。

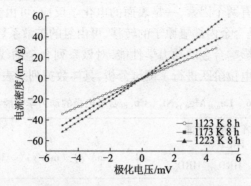

图 6-13　$La_{0.85}Mg_{0.15}Ni_{2.75}Co_{1.05}$ 合金电极的线性极化曲线

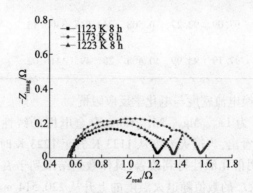

图 6-14　$La_{0.85}Mg_{0.15}Ni_{2.75}Co_{1.05}$ 合金电极的交流阻抗图谱

（3）极限电流密度与氢的扩散系数

图 6-15 为不同退火温度下 $La_{0.85}Mg_{0.15}Ni_{2.75}Co_{1.05}$ 合金电极的阳极极化曲线。从图中可以看出，合金电极的极限电流密度很大，基本都在 3000 mA/g 以上，并且随着退火温度的升高逐步增大，与交换电流密度及高倍率放电性能的变化规律一致。

图 6-16 为 $La_{0.85}Mg_{0.15}Ni_{2.75}Co_{1.05}$ 合金电极在充满状态下的恒电位阶跃曲线。从图中以看出，在曲线末端，$\log i$ 和 t 可近似地看作线性关系，通过拟合图中曲线的线性部分，根据公式（2-7）可以得出氢在合金电极中的扩散系数 D，其数值列于表 6-6。随着退火

温度的升高,氢扩散系数 D 从 1123 K 时的 1.07×10^{-10} cm$^2 \cdot$ s^{-1} 降低至 1173 K 时的 0.85×10^{-10} cm$^2 \cdot$ s^{-1},然后迅速上升到 1223 K 时的 1.50×10^{-10} cm$^2 \cdot$ s^{-1}。这可能与在 1223 K 温度下退火的合金中的合金相晶胞体积较大有关。晶胞体积增大,有助于提高氢在合金中的扩散速度。

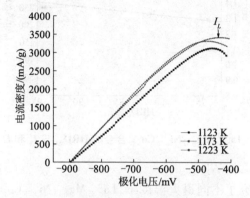

图 6-15 不同退火温度下 La$_{0.85}$Mg$_{0.15}$Ni$_{2.75}$Co$_{1.05}$ 合金电极的阳极极化曲线(DOD = 50%,298 K)

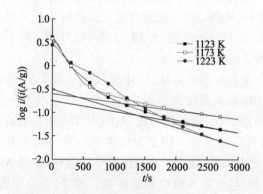

图 6-16 不同退火温度下 La$_{0.85}$Mg$_{0.15}$Ni$_{2.75}$Co$_{1.05}$ 合金电极的$(\log i) - (t)$的响应曲线(+600 mV, 298 K)

为进一步明晰主要影响因素,对 HRD$_{900}$ 的高倍率放电性能与 I_0 和 D 进行关联比较,见图 6-17。从图中可以看出,交换电流密度 I_0 基本与高倍率放电性能呈直线关系,而扩散系数 D 为上翘曲线。

这一结果表明,合金电极的 HRD_{900} 受扩散系数(D)值的影响小,合金电极的高倍率放电性能主要受合金表面的电催化活性控制。

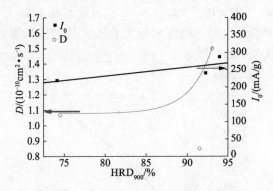

图 6-17　$La_{0.85}Mg_{0.15}Ni_{2.75}Co_{1.05}$ 合金的 HRD_{900} 与 I_0 和 D 的关系

6.2.4　本节小结

本节研究了不同退火温度下,$La_{0.85}Mg_{0.15}Ni_{2.75}Co_{1.05}$ 合金相结构及电化学性能的变化情况,结论如下:

① 不同退火温度下,合金均由三相构成,分别为 $LaNi_5$ 相、Ce_2Ni_7 相及 La_4MgNi_{19} 相。在升高退火温度时主相 A_5B_{19} 的相丰度先增后减,在所选的退火温度为 1173 K 时达到最高,为 87.64wt%。

② 退火态合金易于活化,活化次数均只需 2 次。合金电极的 C_{max} 和 S_{100} 均随退火温度的升高先增后减。这是因为合金经过退火后,成分偏析降低,实现了均匀化,A_5B_{19} 相的相丰度较高,改善了合金的储氢及抗腐蚀性能。但是退火温度的进一步上升,增加了合金中的 Mg 元素挥发,改变了合金的化学计量比,使得 A_5B_{19} 相分解成了 $LaNi_5$ 相,导致最大放电容量降低。此外,合金中各相膨胀系数的不同导致合金更加容易粉化,循环寿命降低。

③ 退火温度的升高,使 $La_{0.85}Mg_{0.15}Ni_{2.75}Co_{1.05}$ 合金电极的 HRD_{900} 逐步提升,从 1123 K 时的 74.17% 上升到了 1223 K 时的 93.99%。动力学测试表明,随着退火温度升高,合金电极表面的催化活性得到改善,且对 HRD 的变化起主要作用。

第7章 Co 替代 Ni 对 $La_{0.85}Mg_{0.15}(Ni,Co)_{3.8}$ 储氢合金的影响

多年的研究结果表明,多元少量合金化的思路更能有效提高合金电极的综合电化学性能。在前述的研究中,通过 A 侧、B 侧元素部分替代,探索了 Co、Fe、Mn、Al、Ce、Mg 等元素的部分替代对 A_5B_{19} 相的形成及性能的影响。研究发现 Co 元素的加入有利于 A_5B_{19} 相的形成,并能改善合金的各项电化学性能,适量的 Mg、Mn、Al 会增加 A_5B_{19} 相,提高最大放电容量,但过量后促进 $LaNi_5$ 相的增加,放电容量下降。在循环稳定性方面,Co、Al、Ce 元素是有利的,Fe、Mn 则会降低合金电极的稳定性,但 Al、Mn 协同作用,则会使 Mn 元素的溶出减少,反而让合金的循环稳定性随 Mn 元素的增加而得到改善。这都显示了 La-Mg-Ni 系储氢合金的成分优化的复杂性。与此同时,通过优化退火时间和温度,也可明显改善合金的最大放电容量、高倍率放电性能及循环稳定性,如 $La_{0.85}Mg_{0.15}Ni_{2.75}Co_{1.05}$ 合金,经 1173 K×8 h 退火后,2 次即可活化,其最大放电容量可达 394.44 mA·h/g,100 次循环后的容量保持率为 82.36%,高倍率放电性能 HRD_{900} 仍有 92.27%,显示了较好的综合电化学性能。为进一步提升合金的综合电化学放电性能,本章继续以 $La_{0.85}Mg_{0.15}Ni_{2.75}Co_{1.05}$ 合金为基础,设计了 $La_{0.85}Mg_{0.15}Ni_{3.8-x}Co_x$ (x = 0.65,1.05,1.45,1.85,2.25)合金,探索增大 B 侧 Co 元素部分替代 Ni 对合金相结构和性能的影响,随后选取 1173 K×8 h 退火处理,研究退火处理对合金相结构及电化学性能的影响。

7.1 铸态 $La_{0.85}Mg_{0.15}Ni_{3.8-x}Co_x$ 合金的相结构及其性能

7.1.1 合金的相结构

图 7-1 为铸态 $La_{0.85}Mg_{0.15}Ni_{3.8-x}Co_x$ 合金的 XRD 图谱。从图中可以看出,该系列铸态合金为多相结构,均由 $LaNi_5$ 相、Pr_5Co_{19} 相、Ce_5Co_{19} 相和少量 $CeNi_2$ 相构成。随着 Co 含量的增加,$LaNi_5$ 相的衍射峰强度有所减弱后又增强,而 Pr_5Co_{19} 相则有明显的提升。

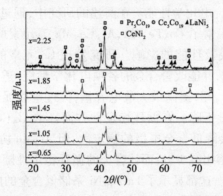

图 7-1 $La_{0.85}Mg_{0.15}Ni_{3.8-x}Co_x$ 合金的 XRD 图谱

采用 Rietveld 全谱拟合法对 XRD 数据进行分析,所得结果,即合金的各项晶体结构参数,列于表 7-1。全谱拟合中可信度由 R 因子(R_{wp})判断,匹配良好度指标由 S 决定,一般 R 因子越小,可信度越高。图 7-2 为 $x = 0.65$ 合金的 Rietveld 全谱拟合分析图,其中 $R_{wp} = 18.13\%$,$S = 1.79$,具有较高的可信度。

表 7-1　铸态 La$_{0.85}$Mg$_{0.15}$Ni$_{3.8-x}$Co$_x$ 合金的晶体结构参数

试样	相	晶体群	相丰度/wt%	晶胞参数/Å		晶胞体积 V/Å^3
				a	c	
$x=0.65$	LaNi$_5$	P6/mmm	57.85	5.0291	3.9753	87.22
	Ce$_5$Co$_{19}$	R$\bar{3}$m	35.39	5.0673	48.8160	1084.79
	Pr$_5$Co$_{19}$	P63/mmc	6.03	5.0123	32.6074	710.29
	CeNi$_2$	Fd$\bar{3}$m	0.73	7.1566	7.1566	366.98
$x=1.05$	LaNi$_5$	P6/mmm	42.70	5.042	3.989	87.81
	Ce$_5$Co$_{19}$	R$\bar{3}$m	28.49	5.095	48.677	1094.31
	Pr$_5$Co$_{19}$	P63/mmc	26.45	5.043	32.628	718.73
	CeNi$_2$	Fd$\bar{3}$m	2.36	7.1913	7.1913	371.97
$x=1.45$	LaNi$_5$	P6/mmm	53.84	5.0416	3.9912	87.85
	Ce$_5$Co$_{19}$	R$\bar{3}$m	25.78	5.0629	48.6212	1079.16
	Pr$_5$Co$_{19}$	P63/mmc	15.05	5.0407	32.6138	717.57
	CeNi$_2$	Fd$\bar{3}$m	5.33	7.1899	7.1899	371.71
$x=1.85$	LaNi$_5$	P6/mmm	57.44	5.0521	3.9871	88.15
	Ce$_5$Co$_{19}$	R$\bar{3}$m	24.19	5.0836	48.2752	1079.29
	Pr$_5$Co$_{19}$	P63/mmc	17.95	5.0432	32.3537	712.93
	CeNi$_2$	Fd$\bar{3}$m	0.42	7.1108	7.1108	359.51
$x=2.25$	LaNi$_5$	P6/mmm	60.37	5.0637	3.9947	88.71
	Ce$_5$Co$_{19}$	R$\bar{3}$m	15.76	5.0867	48.4079	1085.05
	Pr$_5$Co$_{19}$	P63/mmc	22.00	5.0639	32.6044	723.86
	CeNi$_2$	Fd$\bar{3}$m	1.87	7.0031	7.0031	343.46

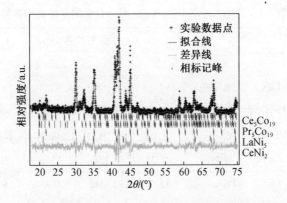

图 7-2　$La_{0.85}Mg_{0.15}Ni_{3.15}Co_{0.65}$ 合金的全谱拟合图谱

从表 7-1 可以看出,Co 添加量的增多,使合金中的主相 $LaNi_5$ 相丰度先从 $x=0.65$ 时的 57.85% 减少到 $x=1.05$ 时的 42.70%,然后又逐渐增加到 $x=2.25$ 时的 60.37%。而 Ce_5Co_{19} 相则逐渐减少,相丰度从 $x=0.65$ 时的 35.39% 降低至 $x=2.25$ 时的 15.76%,说明在 A 侧较少 Mg 部分替代 La 条件下,Co 元素的添加不利于 Ce_5Co_{19} 相的形成,该结论与 Chao 等的实验结论相同。而 $CeNi_2$ 相在各合金中的相丰度均较小,且与 Co 元素的添加没有明显的关系。从表 7-1 中还可以发现,$LaNi_5$ 相和 Pr_5Co_{19} 相的晶胞体积均随着 Co 元素的添加呈变大的趋势,而 Ce_5Co_{19} 相和 $CeNi_2$ 相的晶胞体积变化则较为复杂,与 Co 元素的添加没有明显的关系。这可能是因为 Co 原子对于 Ni 原子占位的替代主要在 $LaNi_5$ 相和 Pr_5Co_{19} 相中进行,而由元素周期表可知,Co 原子的半径略大于 Ni(1.67 Å > 1.62 Å),因此对合金中 $LaNi_5$ 相和 Pr_5Co_{19} 相的晶胞体积有较明显的增大效果。

7.1.2　合金的显微组织

图 7-3 为铸态 $La_{0.85}Mg_{0.15}Ni_{3.8-x}Co_x$ 合金的部分金相显微组织照片。从图中可以看出,合金均为树枝晶结构,在 $x=1.05$ 时,合金的树枝晶结构较为粗大,但随着 Co 元素的添加,合金的晶粒更加细化均匀,与前述研究结果相似。该结果说明在较高 Co 含量基础上,继续增大 Co 的含量,仍能明显改善合金的组织结构,细化晶

粒,从而有利于合金电极抗粉化能力的提高。

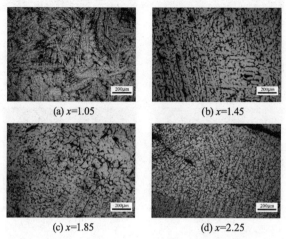

(a) x=1.05　　　　　　　(b) x=1.45

(c) x=1.85　　　　　　　(d) x=2.25

图 7-3　铸态 La$_{0.85}$Mg$_{0.15}$Ni$_{3.8-x}$Co$_x$ 合金的金相显微组织照片

为了深入研究合金的相结构及化学组成,对合金进行了 SEM 背散射观察(BSE),如图 7-4 所示。从图中可以看出,合金内存在三个明显的衬度区域,分别为黑色区域 A、灰色区域 B 和白色区域 C,随着 Co 含量的增加,三区域的分布越来越细小,表明组织更加细化,与金相分析结果相同。众所周知,背散射电子成像的衬度是由原子序数的不同引起的,所以背散射电子一般可用于区别不同的相。因此,为进一步区分相组织,分别对 BSE 观察中的三个区域进行 EDS 测试分析,结果列于表 7-2。结合 XRD 及 SEM 照片,根据 EDS 分析结果,按原子计量比估算,上述黑色 A、灰色 B 和白色 C 三个区域,可分别确认为 LaNi$_5$ 相、(La,Mg)$_5$Ni$_{19}$相和 CeNi$_2$ 相。从表7-2 中可以看出,LaNi$_5$ 相中不存在 Mg 元素,而在其他相中 Mg 元素的富集程度由大到小依次为 CeNi$_2$ 和(La,Mg)$_5$Ni$_{19}$,且 Mg 元素富集程度越高,衬度越浅。这一结果与 Rietveld 全谱拟合法分析时 Mg 的原子占位一致。

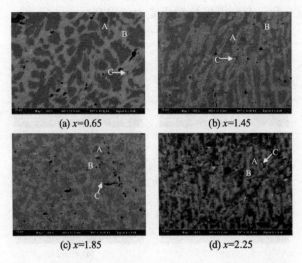

(a) $x=0.65$　　　　　　　(b) $x=1.45$

(c) $x=1.85$　　　　　　　(d) $x=2.25$

图 7-4　铸态 $La_{0.85}Mg_{0.15}Ni_{3.8-x}Co_x$ 合金的背散射图像

表 7-2　铸态 $La_{0.85}Mg_{0.15}Ni_{3.8-x}Co_x$ 合金的 EDS 测试结果

试样	分析点	La/wt%	Mg/wt%	Ni/wt%	Co/wt%	B/A	相
	A	32.72	0	55.04	12.24	1:4.86	AB_5
$x=0.65$	B	38.28	0.75	51.38	9.59	1:3.39	$AB_{3.8}$
	C	41.30	1.07	48.64	8.99	1:2.87	AB_2
	A	31.09	0	48.35	20.56	1:5.24	AB_5
$x=1.05$	B	34.41	2.60	47.28	15.71	1:3.02	$AB_{3.8}$
	C	41.97	3.15	47.64	7.24	1:2.15	AB_2
	A	31.10	0	40.92	27.98	1:5.23	AB_5
$x=1.45$	B	32.17	1.04	41.55	25.24	1:4.14	$AB_{3.8}$
	C	37.46	3.64	40.04	18.86	1:2.39	AB_2
	A	30.25	0	34.56	35.19	1:5.45	AB_5
$x=1.85$	B	33.78	1.64	35.80	28.78	1:3.53	$AB_{3.8}$
	C	57.31	4.65	30.13	7.91	1:1.08	AB_2
	A	31.01	0	32.87	36.12	1:5.01	AB_5
$x=2.25$	B	31.20	1.94	31.91	34.95	1:3.73	$AB_{3.8}$
	C	38.46	3.44	39.54	18.56	1:2.34	AB_2

7.1.3   合金电极的电化学性能

（1）活化性能和最大放电容量

图 7-5 为铸态 $La_{0.85}Mg_{0.15}Ni_{3.8-x}Co_x$ 合金电极的活化性能曲线。从图中可以看出，Co 元素替代量的增加，降低合金的活化性能，从 $x = 0.65$ 时的 2 次增加到 $x = 2.25$ 时的 3 次。表 7-3 列出了铸态合金电极的主要电化学性能参数。从图 7-5 和表 7-3 可知，随着 Co 含量的增加，合金电极的 C_{max} 先增加到 $x = 1.05$ 时的 352.28 mA·h/g，后又逐步减小到 $x = 2.25$ 时的 325.20 mA·h/g，这与 XRD 分析结果合金中 A_5B_{19} 相的含量变化情况有很好的对应性。上述结果表明，适量的添加 Co 元素有助于合金电极 C_{max} 的提升（合金中 A_5B_{19} 相较多，吸放氢平台较低），但当 Co 元素添加过量时，会使合金中的 A_5B_{19} 相减少，引起合金电极放电容量的下降。

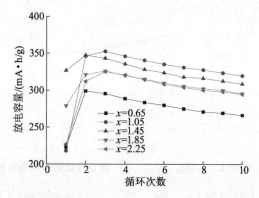

图 7-5   铸态 $La_{0.85}Mg_{0.15}Ni_{3.8-x}Co_x$ 合金电极的活化曲线

表 7-3   铸态 $La_{0.85}Mg_{0.15}Ni_{3.8-x}Co_x$ 合金电极的电化学性能

试样	$C_{max}/(mA \cdot h/g)$	N_a	$S_{100}/\%$	E_{corr}/V
$x = 0.65$	299.05	2	68.79	-0.942
$x = 1.05$	352.28	2	71.87	-0.929
$x = 1.45$	347.39	2	79.68	-0.923
$x = 1.85$	326.02	3	81.18	-0.910
$x = 2.25$	325.20	3	79.95	-0.920

（2）循环稳定性

图 7-6 显示了铸态 $La_{0.85}Mg_{0.15}Ni_{3.8-x}Co_x$ 合金电极的循环稳定性曲线。从图中可以看出，随 x 的增大，合金电极的循环衰退曲线有所平缓，根据公式（2-5）计算 100 次循环后的容量保持率，列于表 7-3。结合图 7-6 和表 7-3 可知，Co 元素的添加改善了合金的循环寿命，S_{100} 从 68.79%（$x = 0.65$）升至 81.18%（$x = 1.85$），虽然接着降低至 79.95%（$x = 2.25$），但仍高于低含量时的容量保持率。由于合金电极的循环稳定性与电极片的抗粉化性能及抗腐蚀性能有关，为了探索影响循环稳定性提高的因素，测试了合金电极充放电过程中的腐蚀电位情况，并对 100 次循环后合金颗粒的粉化情况进行观察。

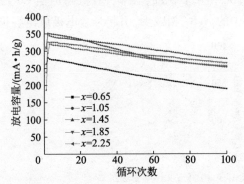

图 7-6　铸态 $La_{0.85}Mg_{0.15}Ni_{3.8-x}Co_x$ 合金电极的循环稳定性曲线

图 7-7 为测得的 $La_{0.85}Mg_{0.15}Ni_{3.8-x}Co_x$ 合金电极的 Tafel 曲线，由此可得到合金电极的腐蚀电位，列于表 7-3。一般来讲，腐蚀电位（E_{corr}）越高，表示合金电极的耐腐蚀性能越好。从表 7-3 和图 7-7 可以看出，合金电极的腐蚀电位随着 Co 含量的增加呈上升趋势，从 -0.942 V（$x = 0.65$）增加到 -0.910 V（$x = 1.85$）。这说明 Co 元素具有良好的抗腐蚀性能，在替代了各结构单元中 Ni 的位置后，提高了各相的抗腐蚀性能。

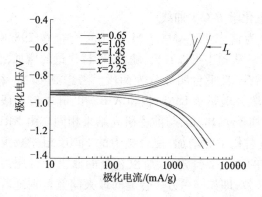

图 7-7　铸态 La$_{0.85}$Mg$_{0.15}$Ni$_{3.8-x}$Co$_x$ 合金电极的 Tafel 曲线

图 7-8 是对 100 次循环后 La$_{0.85}$Mg$_{0.15}$Ni$_{3.8-x}$Co$_x$ 合金电极 SEM 形貌观察照片。从图中可以看出,$x = 0.65$ 时的合金 100 次充放电后的已粉化成为细小颗粒,而 $x = 1.45, 1.85, 2.25$ 时的合金 100 次循环后的仍为一个整体,只有细小裂纹。前述显微组织研究显示,Co 的添加会细化晶粒,减小合金颗粒在吸放氢过程中因膨胀引起的应力集中。而图 7-8 则进一步说明,添加 Co 元素可以有效地抑制合金电极在吸放氢过程中的体积变化,进而提升合金电极的抗粉化能力,该结论与 Cocciantellik 等的研究一致。

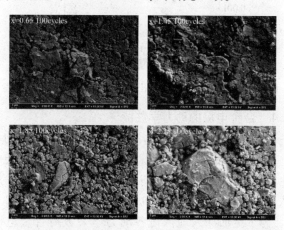

图 7-8　铸态 La$_{0.85}$Mg$_{0.15}$Ni$_{3.8-x}$Co$_x$ 合金电极 100 次循环后的 SEM 照片

（3）电化学 *P-C-T* 曲线

图 7-9 为铸态 $La_{0.85}Mg_{0.15}Ni_{3.8-x}Co_x$ 合金在 298 K 时的放氢 *P-C-T* 曲线。从图中可以看出,随着 Co 替代量的增加,合金的放氢平台先降后升,且平台明显分为两段。考虑到 $CeNi_2$ 相的含量极少,所以两段分别属于 $LaNi_5$ 相和 A_5B_{19} 相,其中较高段属于 $LaNi_5$ 相,较低段属于 A_5B_{19} 相,与前述研究结果相同。由 XRD 的分析结果可知,Co 替代量的增加,使合金中的 $LaNi_5$ 相先减少后增加,由于 $LaNi_5$ 相的放氢平台较高,所以合金的放氢平台压力会与 $LaNi_5$ 相的变化一致,即先降后升。合金的最大储氢量则随着 Co 含量的增加先从 1.17wt% 增加到 1.32wt%,然后又降低至 1.22wt%,与 A_5B_{19} 相的相丰度变化规律一致。众所周知,A_5B_{19} 相中可以储存更多的氢原子,比 $LaNi_5$ 相具有更大的储氢量,所以 A_5B_{19} 相的增加有利于合金储氢量的增加。

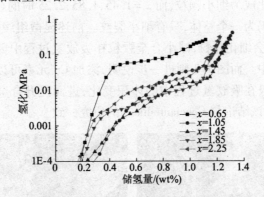

图 7-9　铸态 $La_{0.85}Mg_{0.15}Ni_{3.8-x}Co_x$ 合金的 *P-C-T* 曲线

7.1.4　合金电极的动力学性能

表 7-4 列出了铸态 $La_{0.85}Mg_{0.15}Ni_{3.8-x}Co_x$ 合金电极的动力学性能参数。从表 7-4 可以看出,随着 Co 含量的增加,合金电极的高倍率放电性能变差,尤其是在较高放电电流 900 mA/g 的条件下,HRD_{900} 从 $x = 0.65$ 时的 90.00% 大幅降低至 $x = 2.25$ 时的 32.53%。为了更加深入地探讨各动力学参数对合金电极高倍率放电性能的影响,对合金电极进行了线性极化、交流阻抗及恒电位

阶跃的测试,结果列于表7-4。其中,交换电流密度(I_0)和交流阻抗(R)反映了合金电极表面的电化学催化活性,而恒电位阶跃,测得的氢的扩散系数(D)则反映了氢原子在合金内的扩散速率。

表7-4　铸态La$_{0.85}$Mg$_{0.15}$Ni$_{3.8-x}$Co$_x$合金电极的动力学参数

试样	高倍率放电性能 HRD/%			$R/$ Ω	$I_0/$ (mA/g)	$I_L/$ (mA/g)	$D/$ ($\times 10^{-10}$cm$^2 \cdot$s^{-1})
	HRD$_{300}$	HRD$_{600}$	HRD$_{900}$				
$x=0.65$	98.59	94.98	90.00	0.281	267.26	3364.31	0.72
$x=1.05$	98.43	92.91	85.34	0.367	239.31	5082.16	1.07
$x=1.45$	97.76	91.99	84.11	0.421	230.57	3983.36	1.05
$x=1.85$	97.15	91.10	83.89	0.458	212.78	3891.28	0.99
$x=2.25$	90.72	57.92	32.53	0.564	215.90	3813.74	0.38

（1）交换电流密度与电化学反应阻抗

图7-10为铸态La$_{0.85}$Mg$_{0.15}$Ni$_{3.8-x}$Co$_x$合金电极的线性极化曲线。由图7-10和表7-4可以看出,随着x值的增大,线性极化曲线的斜率不断减小,I_0逐步从267.26 mA/g降低至215.90 mA/g,Co的添加降低了合金电极表面的电催化活性,该结果与合金电极的HRD变化规律一致。

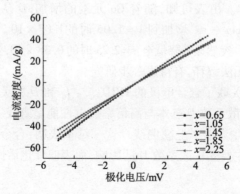

图7-10　铸态La$_{0.85}$Mg$_{0.15}$Ni$_{3.8-x}$Co$_x$合金电极的线性极化曲线

图 7-11 为合金电极的交流阻抗图谱,由图可知,中低频区大半圆的半径(R)随着 Co 替代量的增加而增大,从 $0.281\ \Omega(x=0.65)$ 增加到 $0.564\ \Omega(x=2.25)$。该结果与合金交换电流密度的变化规律正好相反,这是因为阻抗的增加会使合金电极表面的反应变得困难,导致交换电流密度降低。

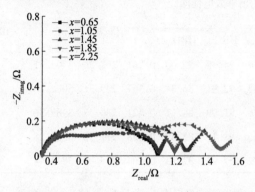

图 7-11   铸态 $La_{0.85}Mg_{0.15}Ni_{3.8-x}Co_x$ 合金电极的交流阻抗图谱

（2）氢的扩散系数

图 7-12 为铸态 $La_{0.85}Mg_{0.15}Ni_{3.8-x}Co_x$ 合金电极的恒电位阶跃曲线。从图中可以看出,经过足够时间,$\log i$ 与 t 呈现了线性关系,对该线性部分进行拟合后,根据公式(2-7)计算氢的扩散系数 D,结果列于表 7-4。由表可知,随着 Co 元素的增加,D 从 $x=0.65$ 的 $0.72\times10^{-10}\ cm^2\cdot s^{-1}$ 增加到 $x=1.05$ 时的 $1.07\times10^{-10}\ cm^2\cdot s^{-1}$,在缓慢降低后,突然显著降低至 $x=2.25$ 时的 $0.38\times10^{-10}\ cm^2\cdot s^{-1}$。这一现象仍无法解释,有待进一步研究。

图 7-13 关联了合金电极的 HRD_{900} 与 I_0 和 D 的关系。从图中可以看出,扩散系数 D 基本与高倍率放电性能呈直线关系,而交换电流密度度 I_0 为水平上翘曲线。这一结果表明,合金电极的高倍率放电性能主要受扩散系数 D 的影响,而表面催化活性影响较小。

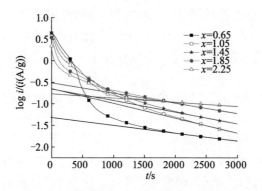

图 7-12 铸态 La$_{0.85}$Mg$_{0.15}$Ni$_{3.8-x}$Co$_x$ 合金电极的恒电位阶跃曲线

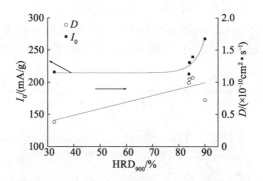

图 7-13 铸态 La$_{0.85}$Mg$_{0.15}$Ni$_{3.8-x}$Co$_x$ 合金电极 HRD$_{900}$ 与 I_0 和 D 的关系

7.1.5 本节小结

本小节系统研究了 Co 元素部分替代 Ni 对铸态 La$_{0.85}$Mg$_{0.15}$-Ni$_{3.8-x}$Co$_x$ 合金相结构及电化学性能的影响,得出以下结论:

① 合金为多相结构,主要由 LaNi$_5$ 相、La$_4$MgNi$_{19}$ 相和少量 Ce-Ni$_2$ 相组成。Co 元素的增加,使合金中 LaNi$_5$ 相含量先减后增,而 La$_4$MgNi$_{19}$ 相的含量则逐步增加。

② 显微组织观察表明,合金为树枝晶结构,Co 元素的添加有效地细化了合金晶粒,有助于合金抗粉化能力的提高。

③ 适量添加 Co 元素可以改善合金的储氢量和放氢平台压力,明显地提高合金电极的最大放电容量,显著增强合金颗粒的抗粉

化及抗电化学腐蚀性能,使合金的循环寿命得到改善。

④ Co 元素的增加会降低合金的活化性能、高倍率放电性能。研究认为,合金电极的高倍率放电性能主要受扩散系数 D 的影响。

7.2　退火态 $La_{0.85}Mg_{0.15}Ni_{3.8-x}Co_x$ 合金的相结构及其性能

7.2.1　合金的相结构

图 7-14 为退火态 $La_{0.85}Mg_{0.15}Ni_{3.8-x}Co_x$ 合金的 XRD 图谱。从图中可以看出,当 $x = 0.65 \sim 1.45$ 时,合金为 $LaNi_5$ 相和 La_4MgNi_{19} 相组成的双相结构;当 $x > 1.45$ 时,则又出现了新相——Ce_2Ni_7 相。用 Rietveld 全谱拟合法对 XRD 数据进行分析,结果列于表 7-5。图 7-15 则显示了 $x = 0.65$ 时合金的 Rietveld 全谱拟合的实验结果,其中 $R_{wp} = 15.6\%$, $S = 2.37$,说明 Rietveld 全谱拟合所得的结果具有良好的可信度。

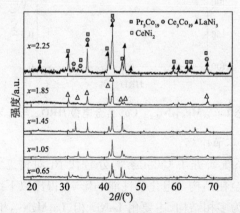

图7-14　退火态 $La_{0.85}Mg_{0.15}Ni_{3.8-x}Co_x$ 合金的 XRD 图谱

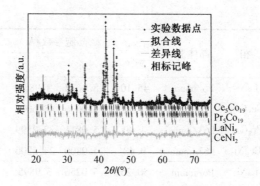

图7-15 退火态 La₀.₈₅Mg₀.₁₅Ni₃.₁₅Co₀.₆₅合金的全谱拟合图谱

从表7-5中可以看出,Co含量的增加,使合金中的主相从La-Ni₅相逐渐转变成了(La,Mg)₅Ni₁₉相,然后又变回了LaNi₅相,说明适量Co元素的添加有利于(La,Mg)₅Ni₁₉相的形成,而当Co元素过多时,(La,Mg)₅Ni₁₉相又易于重新分解为LaNi₅相和(La,Mg)₂Ni₇相。与铸态合金相比,退火态合金中Ce₅Co₁₉相有了明显增加。由于Co原子的原子半径(1.67 Å)略大于Ni(1.62 Å),所以随着Co原子对Ni原子占位替代量的增加,各相晶胞体积均呈现增大趋势。

表7-5 退火态 La₀.₈₅Mg₀.₁₅Ni₃.₈₋ₓCoₓ 合金的晶体结构参数

试样	相	晶体群	相丰度/wt%	晶胞参数/Å a	晶胞参数/Å c	晶胞体积 V/Å³
	LaNi₅	P6/mmm	56.70	5.0354	3.9835	87.48
$x=0.65$	Ce₅Co₁₉	R$\bar{3}$m	26.86	5.0481	48.4174	1069.20
	Pr₅Co₁₉	P63/mmc	16.44	5.0486	32.0582	707.40
	LaNi₅	P6/mmm	6.80	5.0158	4.0029	87.46
$x=1.05$	Ce₅Co₁₉	R$\bar{3}$m	83.59	5.0671	48.4473	1075.49
	Pr₅Co₁₉	P63/mmc	9.61	5.0576	32.5431	720.13
	LaNi₅	P6/mmm	7.81	5.0458	4.0029	88.11
$x=1.45$	Ce₅Co₁₉	R$\bar{3}$m	46.86	5.0545	48.7147	1078.21
	Pr₅Co₁₉	P63/mmc	45.33	5.0613	32.2789	716.08

续表

试样	相	晶体群	相丰度/wt%	晶胞参数/Å		晶胞体积 V/Å³
				a	c	
x = 1.85	LaNi₅	P6/mmm	45.10	5.0628	3.9884	88.54
	Ce₅Co₁₉	R3̄m	41.42	5.0636	48.6003	1084.63
	Pr₅Co₁₉	P63/mmc	4.00	5.0811	32.2599	720.47
	Ce₂Ni₇	P63/mmc	9.48	4.9800	24.5200	524.92
x = 2.25	LaNi₅	P6/mmm	50.25	5.0256	3.9895	88.85
	Ce₅Co₁₉	R3̄m	36.12	5.0483	48.5214	1081.63
	Pr₅Co₁₉	P63/mmc	10.56	5.0258	32.6354	726.01
	Ce₂Ni₇	P63/mmc	3.07	5.0784	24.4230	543.86

7.2.2 合金的微观组织

图 7-16 为退火态 $La_{0.85}Mg_{0.15}Ni_{3.8-x}Co_x$ 合金的背散射电子观察照片。由图可以看出,合金主要由灰色和黑色两种衬度区域的相组成,在 $x \geqslant 1.85$ 后的合金中出现微量白色衬度区域的相。与铸态合金相比,退火后的合金成分明显更加均匀,不再有明显的枝晶偏析。对 BSE 照片中的不同衬度区域进行 EDS 分析,其结果列于表 7-6。从表中可以看出,黑色区域不含 Mg 元素,且 A/B 侧原子比接近 1:5,为 AB_5 相;而灰色及白色区域均含有 Mg 元素,且按照 A/B 侧原子比判断分别为 A_5B_{19} 相和 A_2B_7 相,与铸态合金的 BSE 分析结果相同。此外,退火后,合金的灰色区域明显增多,即 A_5B_{19} 相增加,这与 XRD 的分析结果一致。

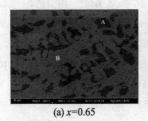 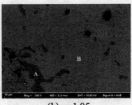

(a) x=0.65   (b) x=1.05

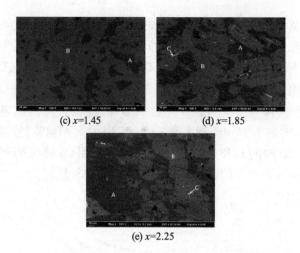

(c) x=1.45　　　　(d) x=1.85

(e) x=2.25

图 7-16　退火态 La$_{0.85}$Mg$_{0.15}$Ni$_{3.8-x}$Co$_x$ 合金的背散射图像

表 7-6　退火态 La$_{0.85}$Mg$_{0.15}$Ni$_{3.8-x}$Co$_x$ 合金的 EDS 测试结果

试样	选点	相	La/wt%	Mg/wt%	Ni/wt%	Co/wt%	计量比(B/A)
x=0.65	A	AB$_5$	35.64	0	52.88	11.49	1:4.31
	B	AB$_{3.8}$	36.69	0.56	52.30	10.45	1:3.72
x=1.05	A	AB$_5$	33.95	0	45.98	20.07	1:4.63
	B	AB$_{3.8}$	35.45	1.33	45.68	17.53	1:3.47
x=1.45	A	AB$_5$	31.10	0	42.42	26.48	1:5.23
	B	AB$_{3.8}$	33.38	1.24	42.50	22.87	1:3.81
x=1.85	A	AB$_5$	31.09	0	30.22	38.70	1:5.23
	B	AB$_{3.8}$	33.95	1.24	30.17	34.63	1:3.73
	C	AB$_{3.5}$	34.16	1.77	29.94	34.13	1:3.42
x=2.25	A	AB$_5$	31.06	0	29.5	39.44	1:5.24
	B	AB$_{3.8}$	34.38	1.18	29.77	34.66	1:3.68
	C	AB$_{3.5}$	34.90	1.99	31.17	31.94	1:3.22

7.2.3　合金电极的电化学性能

（1）电化学 P-C-T 曲线

图 7-17 为合金的 P-C-T 电化学放氢平台曲线。从图中可以发现，与铸态合金相比，退火态合金的放电平台更加平缓，放电平台

相对较宽,这与退火处理可消除缺陷,使合金成分均匀化有关。对于退火态合金,随着 Co 添加量的增加,合金电极的放氢平台有了显著的下降。这可能是因为 Co 对 Ni 的替代,增加了 Ce$_5$Co$_{19}$相和Pr$_5$Co$_{19}$相的晶胞体积,导致 AB$_{3.8}$氢化物的稳定性增加,使得吸放氢平台压有所降低。此外,Co 元素的添加,还使合金的储氢量先从 $x = 0.65$ 时的 1.11wt% 增大到 $x = 1.05$ 时的 1.47wt%,然后又减小到 $x = 2.25$ 时的 1.18wt%。因此,适量的使用 Co 替代 Ni 可以有效地改善退火态合金的吸放氢平台特性及其储氢性能。

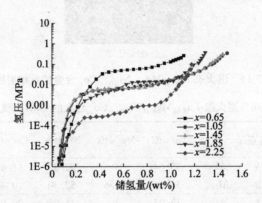

图 7-17　退火态 La$_{0.85}$Mg$_{0.15}$Ni$_{3.8-x}$Co$_x$ 合金的 *P-C-T* 曲线

（2）活化性能和最大放电容量

图 7-18 为退火态 La$_{0.85}$Mg$_{0.15}$Ni$_{3.8-x}$Co$_x$ 合金电极的活化性能曲线。从图中可以看出,当 Co 含量逐渐增加时,退火态合金活化所需的次数也随之从 2 次($x = 0.65$)增加到 4 次($x = 2.25$),与铸态合金相比次数也都略有增加。表 7-7 列出了合金电极的主要电化学性能参数。由表可知,随着 Co 含量的增加,合金电极的最大放电容量明显增大,当 $x = 1.05$ 时 C_{max} 达到了 394.44 mA·h/g,随后又逐步降低至 $x = 2.25$ 时的 314.81 mA·h/g。与铸态合金相比,当 x 介于 1.05 ~ 1.85 时,退火态合金的 C_{max} 有了大幅的提升。研究认为,最大放电容量的升高与退火态合金中 A$_5$B$_{19}$相的相丰度有关。由于 A$_5$B$_{19}$相具有比 AB$_5$ 相更高的储氢量,当 $x = 1.05$ 时退

火态合金中 A$_5$B$_{19}$相的相丰度(93.2%)最高,所以合金具有最好的放电容量。

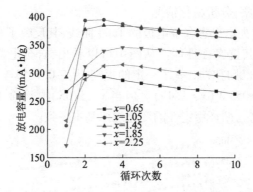

图 7-18　退火态 La$_{0.85}$Mg$_{0.15}$Ni$_{3.8-x}$Co$_x$合金电极的活化曲线

表 7-7　退火态 La$_{0.85}$Mg$_{0.15}$Ni$_{3.8-x}$Co$_x$合金电极的电化学性能

试样	C_{max}/(mA · h/g)	N_a	S_{100}/%	E_{corr}/V
$x = 0.65$	297.05	2	69.73	−0.9353
$x = 1.05$	394.44	2	82.36	−0.9137
$x = 1.45$	384.61	3	85.24	−0.9055
$x = 1.85$	345.52	4	83.52	−0.9097
$x = 2.25$	314.81	4	84.02	−0.9077

(2)循环稳定性

图 7-19 为退火态合金电极的循环曲线。由图可以看出,除 $x = 0.65$ 合金的放电容量曲线衰退较快之外,其他合金的曲线相近且更为平缓,显示了良好的容量保持率。根据式(2-5)计算获得 100 次循环后的容量保持率,列于表 7-7。结合图 7-19 和表 7-7 可以看出,Co 含量的增加使合金的循环寿命有了明显改善,100 次循环的容量保持率从 69.73% ($x = 0.65$)提升到 85.24% ($x = 1.45$)。但当 $x > 1.45$ 后,Co 含量对退火态合金的容量保持率的影响变得很小。

为了进一步研究 Co 含量对退火态合金循环稳定性的影响,测试了合金电极的腐蚀电位,并对 100 次循环后的合金电极片进行 SEM 形貌观察,分析粉化情况。

图 7-20 为退火态合金电极的 Tafel 曲线,其反映了合金电极的钝化程度及其抗腐蚀性能。从图中可以看出,合金电极的腐蚀电位随着 Co 含量的增加,有了一定的提高,从 -0.9353 V($x=0.65$)上升至 -0.9055 V($x=1.45$)。但当 $x>1.05$ 时,合金的抗腐蚀性能变化不大,与循环稳定性的变化规律基本一致。

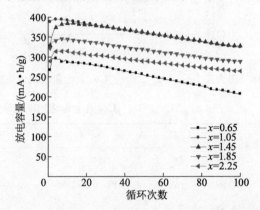

图 7-19　退火态 $La_{0.85}Mg_{0.15}Ni_{3.8-x}Co_x$ 合金电极的循环曲线

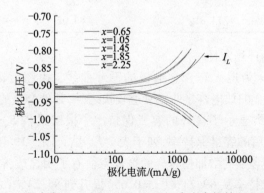

图 7-20　退火态 $La_{0.85}Mg_{0.15}Ni_{3.8-x}Co_x$ 合金电极的 Tafel 曲线

图 7-21 为合金电极 100 次循环后的 SEM 形貌照片。从图中

可以看出,当 $x=0.65$ 时,100 次充放电循环后合金颗粒裂纹密集,粉化程度较为严重。而当 $x>1.05$ 时,合金颗粒的表面裂纹明显稀疏,粉化程度较低。这说明 Co 元素的添加可以减小合金在吸放氢过程中的膨胀率,从而使得合金电极在充放电过程中的粉化有所改善,合金暴露在腐蚀液中的面积也会减少,进而实现了循环寿命的提高。此外,Co 元素的添加,增大了合金的晶胞体积,而较大的晶胞体积有利于减轻合金电极在吸放氢过程的膨胀压力,同样有助于降低粉化程度,提高循环寿命。

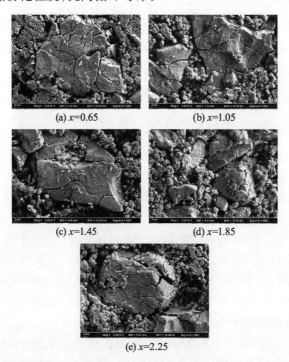

图 7-21　退火态 La$_{0.85}$Mg$_{0.15}$Ni$_{3.8-x}$Co$_x$ 合金电极 100 次循环后的 SEM 照片

7.2.4　合金电极的动力学性能

表 7-8 列出了退火态 La$_{0.85}$Mg$_{0.15}$Ni$_{3.8-x}$Co$_x$ 合金电极的动力学性能参数。从表中可以发现,随着 Co 含量的增加,合金电极的高倍率放电性能 HRD$_{900}$ 先从 67.23%($x=0.65$)提高到 92.27%($x=$

1. 05),后又逐步降低至 38. 82% ($x = 2.25$)。通常认为,合金电极的高倍率放电性能与电极表面的电荷传递反应和电极内部的氢原子扩散有关,反映两者的参数分别为交换电流密度(I_0)和氢的扩散系数(D)。

表 7-8　退火态 La$_{0.85}$Mg$_{0.15}$Ni$_{3.8-x}$Co$_x$ 合金电极的动力学参数

| 试样 | 高倍率放电性能 HRD/% | | | $R/$ Ω | $I_0/$ (mA/g) | $I_L/$ (mA/g) | $D/$ ($\times 10^{-10}$ cm$^2 \cdot$ s^{-1}) |
	HRD$_{300}$	HRD$_{600}$	HRD$_{900}$				
$x=0.65$	98.55	87.73	67.23	0.360	292.60	2342.97	0.4688
$x=1.05$	99.60	97.09	92.27	0.409	244.85	3316.36	1.6370
$x=1.45$	99.34	87.75	80.05	0.413	237.47	1950.99	0.7824
$x=1.85$	95.01	78.59	62.66	0.422	221.16	1863.60	0.4078
$x=2.25$	93.16	66.69	38.82	0.526	184.89	1491.39	0.2795

（1）交换电流密度与电化学反应阻抗

图 7-22 为退火态 La$_{0.85}$Mg$_{0.15}$Ni$_{3.8-x}$Co$_x$ 合金电极的线性极化曲线。从图中可以看出在平衡电位附近,电压和电流呈现了良好的线性关系,且随 Co 含量的增加,斜率逐渐变小,拟合斜率并根据公式(2-6)计算,可得合金电极的交换电流密度 I_0,列于表 7-8。结合图 7-22 和表 7-8 可以发现,合金的 I_0 随着 Co 元素的增加逐渐从 $x=0.65$ 时 292. 60 mA/g 下降至 $x=2.25$ 时的 184. 89 mA/g,与铸态合金电极的变化规律一致,但是不符合退火态合金电极的高倍率放电性能的变化。

图 7-23 显示了合金电极的交流阻抗图谱。从图中可以看出,所有合金在图谱中均由三个部分组成,随着 Co 含量的增加,中低频部分的小半圆逐渐变大,拟合其半径得反映表面催化活性的阻抗值 R,列于表 7-8。从表中可以看出,R 从 $x=0.65$ 时的 0. 360 Ω 增加到 $x=2.25$ 时的 0. 526 Ω,整体显示了较小的阻抗值,反映了较好的表面催化活性,与交换电流密度反映的规律一致。

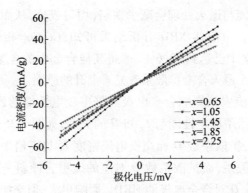

图 7-22 退火态 La$_{0.85}$Mg$_{0.15}$Ni$_{3.8-x}$Co$_x$ 合金电极的线性极化曲线

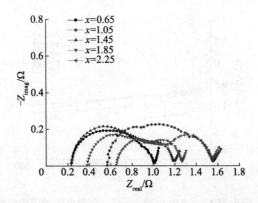

图 7-23 退火态 La$_{0.85}$Mg$_{0.15}$Ni$_{3.8-x}$Co$_x$ 合金电极的交流阻抗图谱

（2）氢的扩散系数

图 7-24 为退火态 La$_{0.85}$Mg$_{0.15}$Ni$_{3.8-x}$Co$_x$ 合金电极的恒电位阶跃曲线。从图中可以看出，经过足够时间后，$\log i$ 与 t 呈现了良好的线性关系，对该线性部分进行拟合后，根据公式（2-7）计算氢的扩散系数 D，列于表 7-8。由表可知，随着 Co 元素的增加，D 值从 $x=0.65$ 的 0.4688×10^{-10} cm$^2 \cdot$ s^{-1} 显著增大到 $x=1.05$ 时的 1.6370×10^{-10} cm$^2 \cdot$ s^{-1} 后，又迅速降低至 $x=2.25$ 时的 0.2795×10^{-10} cm$^2 \cdot$ s^{-1}。与铸态合金相比，退火合金的氢扩散系数 D 除 $x=1.05$ 时有显著提高外，其他合金的氢扩散系数均有不同程度的

下降。这可能与退火处理会减少缺陷,均匀成分,从而减少氢扩散的捷径有关。由前述 XRD 分析结果可知,Ce$_5$Co$_{19}$ 相的相丰度在 $x=1.05$ 合金中已达到 83.6%,远超其他合金中的含量,这可能是导致 $x=1.05$ 退火合金扩散系数显著上升的原因。

　　为进一步确认影响合金电极高倍率放电性能的机制,关联了 HRD$_{900}$ 的高倍率放电性能与 I_0 和 D 的关系,如图 7-25 所示。从图中可以看出,扩散系数 D 和交换电流密度 I_0 与高倍率放电性能基本都呈直线关系,而扩散系数 D 对应的线更为倾斜。这一结果表明,扩散系数 D 对合金电极的 HRD$_{900}$影响更大,但交换电流密度 I_0 也有较强的作用。

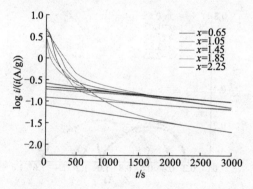

图 7-24　退火态 La$_{0.85}$Mg$_{0.15}$Ni$_{3.8-x}$Co$_x$ 合金电极的恒电位阶跃曲线

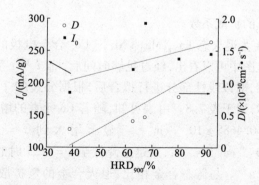

图 7-25　退火态 La$_{0.85}$Mg$_{0.15}$Ni$_{3.8-x}$Co$_x$ 合金电极 HRD$_{900}$与 I_0 和 D 的关系

7.2.5　本节小结

本节研究了退火态 La$_{0.85}$Mg$_{0.15}$Ni$_{3.8-x}$Co$_x$（x = 0.65 ~ 2.25）合金的相结构及电化学性能,具体结论如下:

① 合金为多相结构,主要由 LaNi$_5$ 相和 La$_4$MgNi$_{19}$ 相组成,随着 Co 含量的进一步增加,合金中又出现了少量的 Ce$_2$Ni$_7$ 相。与铸态合金相比,退火态合金中的 Ce$_5$Co$_{19}$ 相有了明显增加。

② 显微组织观察表明,与铸态合金相比,退火合金中 A$_5$B$_{19}$ 相的含量增多,不再有明显的树枝晶结构,成分更加均匀。电化学 P-C-T 曲线与铸态合金的类似,但更平缓,显示了更好的吸放氢特性。

③ 适量 Co 元素的添加可以改善合金的储氢量和放氢压力平台,明显提高合金电极的最大放电容量,显著增强合金颗粒的抗粉化及抗电化学腐蚀性能,使合金的循环寿命得到改善。如 x = 1.05 的退火合金,其最大放电容量为 394.44 mA·h/g,100 次循环后的容量保持率为 82.36%,HRD$_{900}$ = 92.27%,显示了良好的综合电化学性能。

④ Co 元素的增加会降低合金的活化性能和高倍率放电性能。研究认为,合金电极的高倍率放电性能主要受扩散系数 D 和交换电流密度 I_0 的共同作用,但前者影响更大。

第8章 快速凝固处理对 A_5B_{19} 储氢合金性能的影响

目前,国内外改善储氢合金循环稳定性的方法主要有合金化、甩带快淬、退火热处理及表面修饰等方法。研究表明,快速凝固能细化合金晶粒,抑制第二相的析出,使合金成分分布均匀化,从而改善合金的电化学性能,尤其是循环寿命。Zhang 等对快速凝固的 $La_{0.75-x}Pr_xMg_{0.25}Ni_{3.2}Co_{0.2}Al_{0.1}$($x=0\sim0.4$)合金的研究表明,合金的循环稳定性随凝固速度的增加而得到明显改善,对于 $x=0$ 的合金,100 次循环后的容量保持率从铸态合金的 65.32% 提高到 20 m/s 合金的 73.97%。Pan 等研究了快速凝固速度对 $Nd_{0.8}Mg_{0.2}$-$(Ni_{0.8}Co_{0.2})_{3.8}$合金性能的影响,发现快速凝固会降低放电平台压力,在 $0\sim40$ m/s 范围内,凝固速度为 20 m/s 得到的合金显示了最好的综合电化学性能,更快的冷却速度会使合金发生非晶化。因此,本章选用前期研究中综合性能较好,成分较为简单的 $La_4MgNi_{17}Co_2$ 和 $La_4MgNi_{17.5}Mn_{1.5}$ 储氢合金,系统研究快速凝固速度(0,10,15,20,25 m/s)对合金的相结构和电化学性能的影响。此外,为进一步提高快凝合金的综合电化学性能,还对快速凝固的 $La_4MgNi_{17}Co_2$ 储氢合金进行退火处理,研究两种制备方法对合金的相结构和电化学性能的影响。

8.1 快速凝固对 $La_4MgNi_{17}Co_2$ 储氢合金的影响

8.1.1 合金的相结构

图 8-1 显示了铸态及快速凝固 $La_4MgNi_{17}Co_2$ 合金的 XRD 图谱。由图可以看出,合金主要由 $LaNi_5$ 相和 La_4MgNi_{19} 相组成,在铸

态合金 0 m/s 和 15 m/s、25 m/s 的快速凝固合金中还出现了少量 $LaNi_2$ 相。随着快速凝固速度的增加,合金相的衍射峰的半高宽明显宽化,这表明合金晶粒得到了细化,同时晶格畸变和内应力也逐渐增大,缺陷增多。根据 XRD 衍射数据,采用 Rietveld 全谱拟合计算了合金各相的相丰度和晶胞参数,列于表 8-1。图 8-2 显示了快速凝固速度为 20 m/s 的合金的 Rietveld 全谱拟合分析图,其中 $R_{wp} = 16.13\%$, $S = 1.82$,具有较好的可信度。

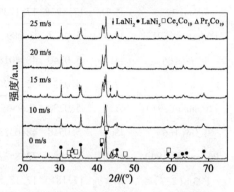

图 8-1　铸态及快凝 $La_4MgNi_{17}Co_2$ 合金的 XRD 图谱

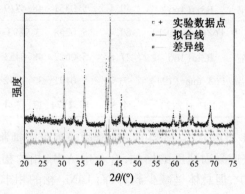

图 8-2　快凝 20 m/s $La_4MgNi_{17}Co_2$ 合金的全谱拟合图谱

表 8-1　$La_4MgNi_{17}Co_2$ 合金的晶体结构参数

试样	相	晶体群	相丰度/wt%	晶胞参数/Å		晶胞体积 $V/\text{Å}^3$
				a	c	
0 m/s	$LaNi_5$	P6/mmm(191)	37.3	5.0317	3.9889	87.46
	Ce_5Co_{19}	R$\bar{3}$m(166)	42.9	5.0355	48.4349	1063.58
	Pr_5Co_{19}	P63/mmc(194)	17.5	5.0249	32.5103	710.91
	$LaNi_2$	Fd$\bar{3}$m(227)	2.3	17.1738	17.1738	369.18
10 m/s	$LaNi_5$	P6/mmm(191)	37.2	5.0328	3.9898	87.52
	Ce_5Co_{19}	R$\bar{3}$m(166)	44.9	5.0340	48.4018	1062.24
	Pr_5Co_{19}	P63/mmc(194)	17.9	5.0331	32.4496	711.90
15 m/s	$LaNi_5$	P6/mmm(191)	61.8	5.0290	3.9865	87.31
	Ce_5Co_{19}	R$\bar{3}$m(166)	23.1	5.0518	48.6333	1074.88
	Pr_5Co_{19}	P63/mmc(194)	12.3	5.0082	32.8533	713.63
	$LaNi_2$	Fd$\bar{3}$m(227)	2.8	17.1815	17.1815	370.37
20 m/s	$LaNi_5$	P6/mmm(191)	50.9	5.0257	3.9893	87.26
	Ce_5Co_{19}	R$\bar{3}$m(166)	49.1	5.0351	48.6719	1068.65
25 m/s	$LaNi_5$	P6/mmm(191)	60.4	5.0258	3.9893	87.26
	Ce_5Co_{19}	R$\bar{3}$m(166)	27.8	5.0627	48.6453	1079.77
	Pr_5Co_{19}	P63/mmc(194)	7.5	5.0171	32.7952	714.90
	$LaNi_2$	Fd$\bar{3}$m(227)	4.3	17.1774	17.1774	369.75

　　从表 8-1 可以看出,适当的快速凝固速度可以抑制 $LaNi_2$ 杂相的析出,随快速凝固速度的增加,合金中 A_5B_{19} 相的相丰度先减少后增加又减少,但总体呈减少趋势,而 $LaNi_5$ 相的相丰度变化则刚好相反。这说明虽然适当快速凝固处理能抑制杂相析出,但对于极易分解的 A_5B_{19} 相来说,其形成条件需要进一步探索。

　　此外,从表 8-1 中还可以看出,$LaNi_5$ 相的晶胞体积都在 87.26 ~ 87.52 Å^3 之间波动,快速凝固速度的增加对其影响较小。

但 Ce_5Co_{19} 相的晶胞体积随快速凝固速度的增加略微减小后,整体呈增大趋势,在快凝速度为 25 m/s 时达到最大值 1079.77 Å³,明显大于铸态合金 0 m/s 的 1063.58 Å³。晶胞体积的变化必然会影响到合金的储氢量,也就是电化学放电容量。

8.1.2　合金电极的电化学性能

（1）活化性能与最大放电容量

图 8-3 显示了铸态及快速凝固 $La_4MgNi_{17}Co_2$ 合金电极的活化曲线。从图中可以看出,合金的活化性能良好,所有合金经过两次充放电后都能达到最大放电容量,快速凝固速度的增加并未影响到合金的活化性能。表 8-2 列出了铸态和快速凝固 $La_4MgNi_{17}Co_2$ 合金的电化学性能参数,从图 8-3 和表 8-2 可以看出,快速凝固处理后,合金的最大放电容量整体有所下降,并且随着冷却速度的增加呈现先减小后增大的趋势。最大放电容量从铸态合金（0 m/s）的 353.52 mA·h/g 下降至 15 m/s 时的 311.65 mA·h/g,随后在 25 m/s 时又增加到 345.25 mA·h/g。研究认为,这可能与合金的晶体结构及快速凝固导致的缺陷或晶格畸变有关。合金中吸氢量较大的合金相增多,必然会提高合金电极的最大放电容量,但随着快凝速度的增加,合金中的缺陷和畸变也随之增加,会降低合金电极的最大放电容量,从而导致快速凝固合金的最大放电容量整体偏低。

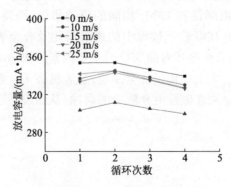

图 8-3　$La_4MgNi_{17}Co_2$ 合金电极的活化性能曲线

表 8-2　$La_4MgNi_{17}Co_2$ 合金的电化学参数

试样	$C_{max}/(mA \cdot h/g)$	N_a	$S_{100}/\%$
0 m/s	353.52	2	57.20
10 m/s	345.06	2	57.02
15 m/s	311.65	2	54.55
20 m/s	343.03	2	54.77
25 m/s	345.25	2	71.27

（2）循环稳定性

图 8-4 为铸态及快速凝固 $La_4MgNi_{17}Co_2$ 合金电极的循环稳定性曲线。从图中可以看出,铸态合金与 10 m/s 合金的曲线相近,而 25 m/s 合金的曲线最为平缓,显示了其良好的容量保持率。根据式(2-5)计算获得 100 次循环后的容量保持率,列于表 8-2。结合图 8-4 和表 8-2 可以看出,在较小的快速凝固速度下,快速凝固处理并未带来循环寿命的改善,但当快凝速度进一步增加到 25 m/s 时,合金的 100 次循环容量保持率 S_{100} 从铸态合金的 57.2% 显著提高到了 71.27%,显示了良好的循环稳定性。

由前面的 XRD 分析结果可知,25 m/s 快凝合金的主要吸氢相 Ce_5Co_{19} 相的晶胞体积显著增大,可以较大程度地降低吸放氢过程的膨胀率,从而降低和 $LaNi_5$ 相间的应力集中,提高抗粉化能力。通常认为,合金在吸放氢过程中的逐渐粉化及合金表面的元素分凝氧化是导致合金循环寿命变差的主要因素。快速凝固使合金元素分布均匀化,大大细化了合金晶粒,显著提高了合金的抗粉化能力,减轻了合金粉在碱性电介质中的腐蚀,从而改善了合金的循环稳定性。

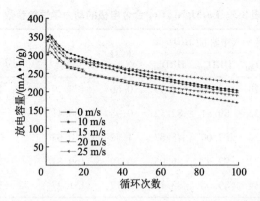

图 8-4 铸态及快速凝固 $La_4MgNi_{17}Co_2$ 储氢合金电极的循环稳定性曲线

8.1.3 合金电极的动力学性能

图 8-5 是铸态及快速凝固 $La_4MgNi_{17}Co_2$ 合金电极的高倍率放电性能曲线。从图中可以看出,合金的高倍率放电性能随着放电电流密度的增加而减小,当放电电流密度 $I_d = 900$ mA/g 时,高倍率放电性能 HRD_{900} 最高和最低的合金分别是 20 m/s 和 15 m/s 快凝合金,这可能与合金的相组成有关。由前述 XRD 分析可知, 20 m/s 快凝合金只有 $LaNi_5$ 和 Ce_5Co_{19} 两种相,其含量基本是 1:1 的关系,这可能有助于氢在合金中的扩散。为了继续深入研究该系列合金的动力学性能,测试了线性极化、交流阻抗及恒电位阶跃曲线,其结果经计算列于表 8-3。

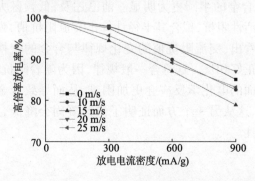

图 8-5 $La_4MgNi_{17}Co_2$ 合金电极的高倍率放电性能曲线

表 8-3　$La_4MgNi_{17}Co_2$ 合金电极的动力学性能参数

试样	高倍率放电性能 HRD/%			R/Ω	$I_0/$ (mA/g)	$D/$ ($\times 10^{-10} cm^2 \cdot s^{-1}$)
	HRD_{300}	HRD_{600}	HRD_{900}			
0 m/s	97.79	93.04	84.99	0.66	178.79	1.231
10 m/s	97.36	89.81	82.52	0.98	138.41	1.021
15 m/s	94.36	87.00	78.87	1.42	110.63	0.751
20 m/s	97.71	92.92	86.95	0.79	169.81	1.302
25 m/s	95.54	89.06	83.12	0.77	151.27	1.103

（1）交换电流密度与电化学反应阻抗

图 8-6 为铸态及快速凝固 $La_4MgNi_{17}Co_2$ 合金电极的线性极化曲线。从图中可以看出，在平衡电位附近，电压和电流呈现了良好的线性关系，15 m/s 快凝合金的斜率最低，显示了其较差的表面催化活性，拟合图中各合金的极化斜率，根据公式（2-6）计算可得合金电极的交换电流密度 I_0，列于表 8-3。从表中可以看出，15 m/s 快凝合金的交换电流密度只有 110.63 mA/g，数值较小，明显低于其他合金，这可能是其高倍率放电性能明显下降的一个重要原因。

图 8-7 为铸态及快速凝固 $La_4MgNi_{17}Co_2$ 合金电极的交流阻抗图谱。从图中可以看出，所有图谱均由高频区小半圆、低频区大半圆和斜线组成，快凝处理使合金电极的低频阻抗半圆增大，尤其是 15 m/s 快凝合金的半圆更为明显。前已述及，低频区大半圆反映了表面催化活性阻抗，拟合其半径计算出交流阻抗值，列于表 8-3。从表中可以看出，交流阻抗值的变化规律与合金的交换电流密度的变化规律正好相反。这符合一般规律，因为随着阻抗值的增加，合金电极表面的电化学反应会更加困难，从而导致合金的交换电流值的减小，这从另一个方面证明了快速凝固会降低合金电极的表面催化活性。

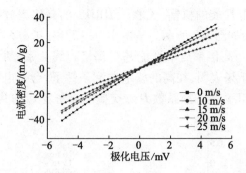

图 8-6 铸态及快速凝固 $La_4MgNi_{17}Co_2$ 合金电极的线性极化曲线

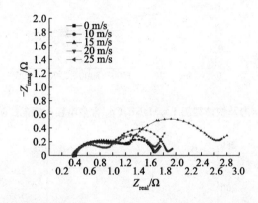

图 8-7 铸态及快速凝固 $La_4MgNi_{17}Co_2$ 合金电极的交流阻抗图谱

（2）氢的扩散系数

图 8-8 为该系列合金的恒电位阶跃曲线。根据该曲线线性部分的拟合结果,利用公式(2-7)计算出氢在合金中的扩散速率 D,计算结果同样列于表 8-3。从表中可以看出,20 m/s 快凝合金的扩散系数为 1.302×10^{-10} $cm^2 \cdot s^{-1}$,为所有合金中的最高值,进一步证实了前述高倍率放电性能的分析,即 20 m/s 快凝合金只有 $LaNi_5$ 和 Ce_5Co_{19} 两种相,其含量基本是 1:1 的关系,这可能有助于氢在合金中的扩散。

研究表明,合金的高倍率放电性能除了与氢扩散系数有关,还与合金电极表面的交换电流大小有关。为进一步确认影响合金电极高倍率放电性能的机制,关联了 HRD_{900} 的高倍率放电性能与 I_0 和 D 的关系,如图 8-9 所示。从图中可以看出,扩散系数 D 和交换电流密度 I_0 与高倍率放电性能基本都呈直线关系,两者斜率基本相当。这一结果表明,在高的放电电流条件下,合金电极的高倍率放电性能 HRD_{900} 受扩散系数 D 和交换电流密度 I_0 的共同影响。

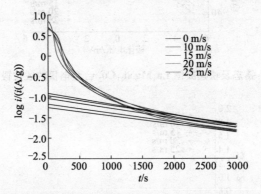

图 8-8　铸态及快速凝固 $La_4MgNi_{17}Co_2$ 合金电极的恒电位阶跃曲线

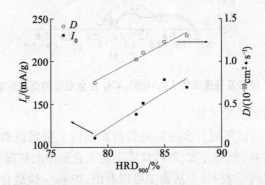

图 8-9　铸态及快速凝固 $La_4MgNi_{17}Co_2$ 电极 HRD_{900} 与 I_0 和 D 的关系

8.1.4　本节小结

本节研究了不同快速凝固速度(0 ~ 25 m/s)对 $La_4MgNi_{17}Co_2$ 合金相结构及电化学性能的影响,得出以下结论:

① 所有合金均为多相结构,主要由 $LaNi_5$ 相、A_5B_{19} 相和少量 $LaNi_2$ 相组成。适当的快速凝固速度可以增大合金相的晶胞体积,

抑制 $LaNi_2$ 杂相的析出。随快速凝固速度的增加,合金中 A_5B_{19} 相的相丰度先减少后增加又减少,但总体呈减少趋势,而 $LaNi_5$ 相的相丰度变化则刚好相反。此外,快速凝固处理会使合金相的衍射峰的半高宽明显宽化,这表明合金晶粒得到了细化,同时晶格畸变和内应力也逐渐增大,缺陷增多。

② 快速凝固处理对合金的活化性能影响很小,但会降低合金的最大放电容量和高倍率放电性能,在快速凝固速度提高到 25 m/s 后可明显改善合金的循环寿命,S_{100} 从铸态合金的 57.2% 提到了 25 m/s 合金的 71.27% 。

③ 研究认为,快凝合金电极循环稳定性的提升源于快速凝固处理使合金元素分布均匀化,大大细化了合金晶粒,显著提高了合金的抗粉化能力。而合金电极的高倍率放电性能则与合金中的相组成有关,主要受扩散系数 D 和交换电流密度 I_0 的共同影响。

8.2　快速凝固对 $La_4MgNi_{17.5}Mn_{1.5}$ 储氢合金性能的影响

8.2.1　合金的相结构

图 8-10 显示了铸态及快速凝固 $La_4MgNi_{17}Mn_{1.5}$ 合金的 XRD 图谱。从图中可以看出,所有合金均为多相结构,由 $LaNi_5$ 相、Pr_5Co_{19} 相和 $LaNi_2$ 相组成。随着快速凝固速度的不断增加,合金中的 La-Ni_5 相合金的衍射峰强度有所增加,La_4MgNi_{19} 相的有所减弱。根据 XRD 衍射数据,采用 Rietveld 全谱拟合计算了合金各相的相丰度和晶胞参数,列于表 8-4。图 8-11 则显示了快速凝固速度为 15 m/s 的合金的 Rietveld 全谱拟合分析图,其中 $R_{wp} = 19\%$,$S = 1.9$,具有较好的可信度。

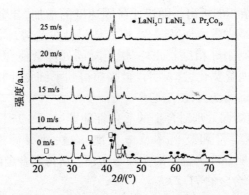

图 8-10   铸态及快凝 La₄MgNi₁₇Mn₁.₅ 合金的 XRD 图谱

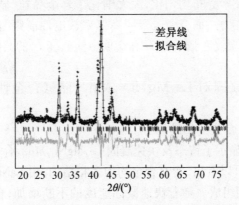

图 8-11   快凝 15 m/s La₄MgNi₁₇Mn₁.₅ 合金的全谱拟合图谱

从表 8-4 中可以看出,随着快速凝固速度的增加,$LaNi_5$ 相的相丰度逐渐增加,由铸态(0 m/s)时的 48.2wt% 增加到 25 m/s 时的 63.1wt%。同时合金中 Pr_5Co_{19} 相的相丰度不断减少,从铸态时的 30.1wt% 减少到快速凝固速度为 25 m/s 时的 14.0wt%。而合金中 Pr_5Co_{19} 相的晶胞体积随着快速凝固速度的增加而增加。这一结果表明,快速凝固速度的增加未能有助于 A_5B_{19} 相的形成。

表 8-4　铸态及快凝 La₄MgNi₁₇.₅Mn₁.₅合金的晶体结构参数

试样	相	晶体群	相丰度/ wt%	晶胞参数/Å a	c	晶胞体积 V/Å³
0 m/s	LaNi₅	P6/mmm(191)	48.2	5.042	4.008	88.15
	Pr₅Co₁₉	R3̄m(166)	30.1	5.038	32.371	711.64
	LaNi₂	Fd3̄m(227)	21.7	7.228	7.228	377.68
10 m/s	LaNi₅	P6/mmm(191)	51.9	5.035	3.991	87.64
	Pr₅Co₁₉	R3̄m(166)	28.3	5.038	32.535	715.36
	LaNi₂	Fd3̄m(227)	19.8	7.232	7.232	378.93
15 m/s	LaNi₅	P6/mmm(191)	56.0	5.031	4.002	87.74
	Pr₅Co₁₉	R3̄m(166)	25.6	5.035	32.532	714.5
	LaNi₂	Fd3̄m(227)	18.4	7.181	7.181	370.33
20 m/s	LaNi₅	P6/mmm(191)	61.2	5.017	3.981	86.78
	Pr₅Co₁₉	R3̄m(166)	18.6	5.042	32.468	715.0
	LaNi₂	Fd3̄m(227)	20.2	7.195	7.195	372.54
25 m/s	LaNi₅	P6/mmm(191)	63.1	5.026	4.000	87.52
	Pr₅Co₁₉	R3̄m(166)	14.0	5.054	32.389	716.55
	LaNi₂	Fd3̄m(227)	22.9	7.194	7.194	372.4

8.2.2　合金的微观组织

　　为了解快速凝固处理改善合金成分的分布情况,对铸态合金和 10 m/s 快凝合金进行了 SEM 观察和 EDS 能谱分析,如图 8-12 所示。比较图 8-12a 和图 8-12b 可以看出,快速凝固处理后,合金晶粒明显变细。分别对其进行 EDS 面扫描,结果可以看出,铸态合金的 Mg 元素分布明显不均,显示了粗大的树枝晶偏析,而这一现象在快速凝固合金中已经消失。

(a) 铸态SEM及EDS面扫描

(b) 15 m/sSEM及EDS面扫描

图8-12　铸态及 15m/s 快凝 $La_4MgNi_{17}Mn_{1.5}$ 合金的
SEM 照片及 EDS 面扫描结果

8.2.3　合金电极的电化学性能

（1）活化性能与最大放电容量

图8-13 为铸态及不同快速凝固速度 $La_4MgNi_{17.5}Mn_{1.5}$ 合金电极的活化性能曲线。从图中可以看到,该系列合金均有较好的活化性能,在 2~4 次即可活化。随着快速凝固速度的增加,合金的活化性能有所下降,活化次数由 2 次增加到 4 次。总体来说,快速凝固速度的增加,对合金电极的活化性能影响很小。

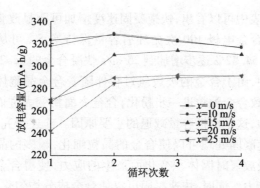

图 8-13　铸态及快凝 $La_4MgNi_{17.5}Mn_{1.5}$ 合金电极的活化性能曲线

表 8-5 列出了该系列储氢合金的一些电化学性能参数。从表中可以看到,随着快速凝固速度的增加,合金的最大放电容量依次减小,由铸态合金的 $C_{max}=328.09$ mA·h/g,减小到快凝速度 25 m/s 合金的 $C_{max}=291.43$ mA·h/g。这可能与合金中吸氢量较大的 A_5B_{19} 相明显减少有关。此外,快速凝固造成的缺陷和晶格畸变减少了储氢的位置可能是放电容量下降的另一个原因。

表 8-5　$La_4MgNi_{17.5}Mn_{1.5}$ 合金的电化学参数

试样	$C_{max}/(mA·h/g)$	N_a	$S_{100}/\%$
0 m/s	328.09	2	54.82
10 m/s	329.01	2	58.99
15 m/s	314.27	3	67.18
20 m/s	291.56	3	79.83
25 m/s	291.43	4	82.29

（2）循环稳定性

图 8-14 为铸态及不同快速凝固速度 $La_4MgNi_{17.5}Mn_{1.5}$ 合金的循环稳定性曲线,曲线越平缓则说明该样品的循环稳定性越好。从图中可以看出,经过快速凝固处理后,合金的循环稳定性有了明显的提高,快速凝固速度越高,合金的循环曲线越平缓。根据公式(2-5)计算合金电极 100 次循环后的容量保持率 S_{100},数据列于

表 8-5。从表中可以看出,快速凝固速度增加可明显改善合金的循环稳定性,合金电极 100 次循环后容量保持率 S_{100} 可从铸态合金(0 m/s)的 54.82% 逐步增加到 25 m/s 快凝合金的 82.29%。在充放电过程中,由于合金的吸放氢过程伴随着合金晶胞体积的膨胀与收缩,导致合金颗粒进一步粉化,合金表面积变大进而受到更多的氧化腐蚀,这是电极容量减退的主要原因。前述研究表明,对合金进行快速凝固处理可以使合金的晶粒细化,较多的晶界有利于释放合金吸放氢时因体积变化而产生的应力,使得合金具有较好的抗粉化能力。同时,快速凝固可以使合金成分均匀化,从而使快速凝固合金的循环稳定性较铸态合金有显著提高。

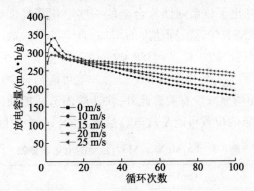

图 8-14　$La_4MgNi_{17.5}Mn_{1.5}$ 储氢合金电极循环稳定性曲线

8.2.4　合金电极的动力学性能

图 8-15 为铸态及快凝 $La_4MgNi_{17.5}Mn_{1.5}$ 合金电极的高倍率放电性能曲线。从图中可以看出,在较小的快速凝固速度下,合金电极的高倍率放电性能变化不大,当进一步增大冷却速度到 20 m/s 和 25 m/s 时,合金的高倍率放电性能显著下降,放电电流越大越明显。表 8-6 列出了合金电极的高倍率动力学性能参数。从表中可以看出,在 900 mA/g 的大电流放电条件下,铸态合金和 ≤15 m/s 的快凝合金,HRD_{900} 相差不大,均在 85% 左右,但当快速凝固速度进一步增加,则合金的 HRD_{900} 只有 50% 左右。为了了解其变化原因,继续深入研究了该系列合金的动力学性能,测试了线性极化、

交流阻抗及恒电位阶跃曲线。

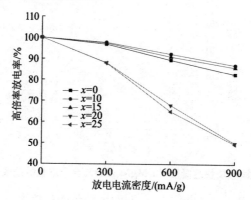

图 8-15　La₄MgNi₁₇.₅Mn₁.₅合金电极的高倍率放电性能曲线

表 8-6　La₄MgNi₁₇.₅Mn₁.₅合金电极的动力学性能参数

试样	高倍率放电性能 HRD/%			R/Ω	$I_0/$ (mA/g)	$D/$ ($\times 10^{-10}$cm²·s⁻¹)
	HRD₃₀₀	HRD₆₀₀	HRD₉₀₀			
0 m/s	96.89	89.41	85.61	0.36	199.69	1.331
10 m/s	97.73	92.28	86.98	0.36	196.82	1.388
15 m/s	97.42	90.96	85.92	0.42	180.15	1.209
20 m/s	88.10	67.97	50.00	0.94	140.46	1.092
25 m/s	88.00	65.00	49.50	0.97	138.31	1.023

（1）交换电流密度与电化学反应阻抗

图 8-16 为铸态及快速凝固 La₄MgNi₁₇Mn₁.₅合金电极的线性极化曲线。从图中可以看出,在平衡电位附近,电压和电流呈现了良好的线性关系,快速凝固速度在 15m/s 及以下的快凝合金和铸态合金的极化曲线几乎重合,斜率较高,显示了其较好的表面催化活性。由线性极化曲线斜率根据公式(2-6)计算出合金电极的交换电流密度 I_0,列于表 8-6。从表中可以看出,快速凝固处理会降低合金的交换电流密度 I_0,尤其是当快速凝固速度达到 20 m/s 及以上时下降明显,可从 15 m/s 快凝合金的 180.15 mA/g 降低至 20 m/s 快凝合金的 140.46 mA/g。

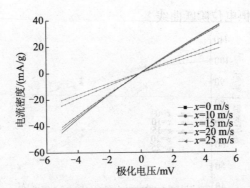

图 8-16　铸态及快速凝固 La$_4$MgNi$_{17}$Mn$_{1.5}$合金电极的线性极化曲线

图 8-17 为该系列合金电极的交流阻抗曲线图谱。从图中可以看出,该系列合金的交流阻抗曲线图均由高频区小半圆、低频区大半圆和斜线组成,快凝 20 m/s 和 25 m/s 合金均显示了较大的低频半圆阻抗,拟合低频区大半圆得交流阻抗值,列于表 8-6。由表中列出的数据分析可知,交流阻抗值的变化规律与合金的交换电流密度的变化规律正好相反。这进一步证明合金电极表面的催化活性随快凝固速度的增加而下降。

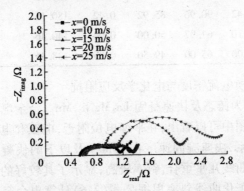

图 8-17　铸态及快速凝固 La$_4$MgNi$_{17}$Mn$_{1.5}$合金电极的交流阻抗图谱

通常认为,快速凝固处理使合金电极的电催化活性有所降低是由于其提高了快凝合金的抗粉化性能,使合金的反应比表面积减小引起。

（2）氢的扩散系数

图 8-18 为该系列合金的恒电位阶跃曲线。根据该曲线线性部分的拟合结果,利用公式(2-7)计算出氢在合金中扩散系数 D,计算结果同样列于表 8-6。从表中可以看出,随着快速凝固速度的增加,该系列合金的氢扩散系数逐步减小,与高倍率放电性能的变化规律一致。为进一步确认影响合金电极高倍率放电性能的机制,关联了 HRD_{900} 的高倍率放电性能与 I_0 和 D 的关系,如图 8-19 所示。从图中可以看出,扩散系数 D 和交换电流密度 I_0 与高倍率放电性能基本都呈直线关系,两者斜率基本相当。这一结果表明,在高的放电电流条件下,合金电极的高倍率放电性能 HRD_{900} 受扩散系数 D 和交换电流密度 I_0 的共同影响。

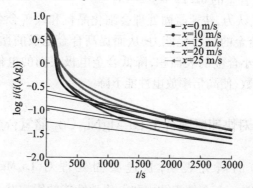

图 8-18 铸态及快速凝固 $La_4MgNi_{17}Mn_{1.5}$ 电极的恒电位阶跃曲线

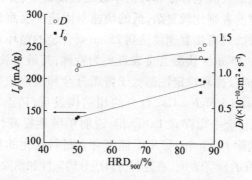

图 8-19 铸态及快速凝固 $La_4MgNi_{17}Mn_{1.5}$ 电极 HRD_{900} 与 I_0 和 D 的关系

8.2.5 本节小结

本节研究了不同快速凝固速度(0 ~ 25 m/s)对 $La_4MgNi_{17.5}$-$Mn_{1.5}$ 合金相结构及电化学性能的影响,得出以下结论:

① 所有 $La_4MgNi_{17.5}Mn_{1.5}$ 合金均由 $LaNi_5$ 相、Pr_5Co_{19} 相和 $LaNi_2$ 相组成。快速凝固速度的增加会降低合金中的 Pr_5Co_{19} 相的含量,同时使 $LaNi_5$ 相增加。SEM 和 EDS 分析表明,快速凝固处理可以细化晶粒,改善合金的成分均匀性。

② 快速凝固速度的增加会降低合金的活化性能、最大放电容量和高倍率放电性能,但可明显改善合金的循环稳定性,合金电极经 100 次循环后容量保持率 S_{100} 从铸态合金的 54.82% 上升到 25 m/s 快凝合金的 82.29%。

③ 研究认为,快速凝固处理会细化晶粒和改善合金的成分均匀性,提高合金的抗粉化能力,从而提高合金电极的循环稳定性,但同时会减小合金的表面积,降低合金电极表面的电催化活性和氢的扩散系数,使高倍率放电性能下降。

8.3 退火对快速凝固合金 $La_4MgNi_{17}Co_2$ 储氢合金的影响

上两节的研究表明,快速凝固处理对 $La_4MgNi_{17}Co_2$ 和 $La_4MgNi_{17.5}Mn_{1.5}$ 合金的相结构和电化学性能的影响并不一致。对后者,会降低最大放电容量和高倍率放电性能,但明显改善合金的循环寿命;对前者则比较复杂,低的快速凝固速度反而会降低合金的循环稳定性,只有快凝速度达到 25 m/s,合金的循环寿命才有明显改善,其中 15 m/s 快凝合金表现更为特殊,其最大放电容量、高倍率放电性能及循环稳定性都低于铸态合金和其他快凝合金。比较铸态及快凝 $La_4MgNi_{17}Co_2$ 合金的相结构发现,铸态、15 m/s 和 25 m/s 快凝合金中均存在 $LaNi_2$ 相,说明单纯地提高快速凝固速度,并不能消除 $LaNi_2$ 相,显示了储氢合金材料优化的复杂性。第 6 章和第 7 章的研究表明,在改善材料成分均匀性和消除杂相和缺陷方面,退火处理是另一个有效的手段。因此,本节选用 $La_4MgNi_{17}Co_2$

快凝合金中存在 $LaNi_2$ 相的 15 m/s 快凝合金为代表,对其进行退火处理,分别从退火温度和退火时间两方面研究"快速凝固处理 + 退火处理"对 $La_4MgNi_{17}Co_2$ 合金的相结构和电化学性能的影响。

8.3.1 退火温度对 15 m/s 快凝 $La_4MgNi_{17}Co_2$ 合金性能的影响

由前述退火处理研究的结果可知,退火温度较高、退火时间较长会导致 Mg 元素的挥发,引起化学计量比的变化,导致综合电化学性能下降。考虑到研究合金已进行过快速凝固处理,结合前述退火处理的研究成果,最终先选用较低的退火温度范围(1073 K、1123 K、1173 K)和较中间的保温时间(8 h),研究温度对 La_4MgNi_{17}-Co_2 快凝 15 m/s 合金相结构和电化学性能的影响。

8.3.1.1 合金的相结构

图 8-20 为经过不同温度退火处理的 $La_4MgNi_{17}Co_2$ 快凝合金的 XRD 图谱。从图中可以看出,退火态合金主要由 $LaNi_5$ 相和 La_4MgNi_{19} 相组成。与原始快凝合金相比,退火后合金衍射峰变得尖锐,说明合金内的缺陷进一步消除,同时,$LaNi_2$ 相的衍射峰消失,A_5B_{19} 相的衍射峰增强,这说明退火温度的增加有利于 A_5B_{19} 的形成。根据 XRD 衍射数据,采用 Rietveld 全谱拟合计算了合金各相的相丰度和晶胞参数,列于表 8-7。图 8-21 则显示了快速凝固速度为 15 m/s 的合金经 1073 K × 8 h 退火后的 Rietveld 全谱拟合分析图,其中 $R_{wp} = 19.7\%$,$S = 2.4$,具有较好的可信度。

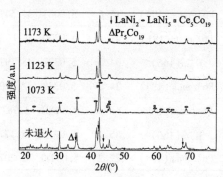

图 8-20 不同温度退火 $La_4MgNi_{17}Co_2$ 合金的 XRD 图谱

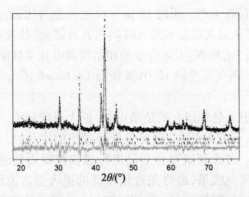

图 8-21 $La_4MgNi_{17}Co_2$ 合金 1073 K 退火的全谱拟合图谱

表 8-7 $La_4MgNi_{17}Co_2$ 合金的晶体结构参数

试样	相	晶体群	相丰度/wt%	晶胞参数/Å a	晶胞参数/Å c	晶胞体积 V/Å³
原始	$LaNi_5$	P6/mmm(191)	61.8	5.0290	3.9865	87.31
	Ce_5Co_{19}	R$\bar{3}$m(166)	23.1	5.0518	48.6333	1074.88
	Pr_5Co_{19}	P63/mmc(194)	12.3	5.0082	32.8533	713.63
	$LaNi_2$	Fd$\bar{3}$m(227)	2.8	17.1815	17.1815	370.37
1073 K	$LaNi_5$	P6/mmm(191)	56.5	5.0229	3.9853	87.08
	Ce_5Co_{19}	R$\bar{3}$m(166)	27.9	5.0308	48.2306	1057.11
	Pr_5Co_{19}	P63/mmc(194)	15.6	5.0065	32.5476	706.50
1123 K	$LaNi_5$	P6/mmm(191)	41.1	5.0270	3.9888	87.30
	Ce_5Co_{19}	R$\bar{3}$m(166)	34.7	5.0320	48.1979	1056.91
	Pr_5Co_{19}	P63/mmc(194)	24.2	5.0338	32.2206	707.07
1173 K	$LaNi_5$	P6/mmm(191)	42.4	5.0280	3.9872	87.29
	Ce_5Co_{19}	R$\bar{3}$m(166)	35.4	5.0315	48.1772	1056.26
	Pr_5Co_{19}	P63/mmc(194)	22.2	5.03411	32.2078	706.87

从表 8-7 可以看出,退火处理后,合金的晶胞体积整体呈明显下降趋势,当温度进一步提升则变化不大。这从侧面说明了退火处理有助于消除快速凝固处理引起的部分缺陷,进一步均匀成分。此外,进一步提高退火温度,A_5B_{19} 相的相丰度反而有所减小,这可能与 Mg 元素在较高温度下挥发较多,导致部分 A_5B_{19} 相又发生分解有关。

8.3.1.2　合金的电化学性能

（1）活化性能与最大放电容量

图 8-22 显示了退火处理后快凝 $La_4MgNi_{17}Co_2$ 合金的活化曲线。从图中可以看出,退火处理使合金的活化性能稍有下降,但仍能在 3 次充放电后达到最大放电容量。表 8-8 列出了退火处理前后 $La_4MgNi_{17}Co_2$ 合金电化学性能参数。从图 8-22 和表 8-8 可以看出,退火处理后,合金的最大放电容量整体有所提升,最大放电容量从未退火合金的 311.7 mA·h/g 提高到 1173 K 退火合金的 341.7 mA·h/g。研究认为,这可能与合金的相组成及缺陷或晶格畸变减少有关。随着退火温度的提高,合金中的杂相 $LaNi_2$ 消失,吸氢量较大的合金相增多,必然会提高合金电极的最大放电容量,同时合金中的缺陷和畸变也得以消除,有利于最大放电容量的改善。

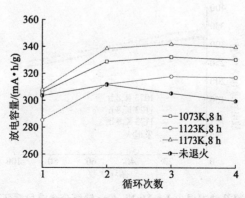

图 8-22　$La_4MgNi_{17}Co_2$ 合金的活化性能曲线

表 8-8   快凝 La$_4$MgNi$_{17}$Co$_2$ 合金不同退火温度后的电化学参数

试样	C_{max}/(mA·h/g)	N_a	S_{100}/%
未退火	311.7	2	54.55
1073 K,8 h	330.6	3	72.41
1123 K,8 h	317.6	3	73.85
1173 K,8 h	341.7	3	72.74

（2）循环稳定性

图 8-23 为 La$_4$MgNi$_{17}$Co$_2$ 合金电极的循环稳定性曲线。从图中可以看出,随着退火温度的增加,合金的容量保持率曲线变得平缓,循环稳定性得到明显改善。根据公式(2-5)计算合金电极 100 次循环后的容量保持率 S_{100},数据列于表 8-8。从表中可以看出,退火处理可明显改善合金的循环稳定性,合金电极 100 次循环后容量保持率 S_{100} 可从未退火合金的 54.55% 迅速增加到 1073 K 退火合金的 72.41%,但进一步提高温度,只是略微有所改善。退火处理减少了合金的晶格应变和缺陷,改善了合金成分和组织均匀性,从而改善了由吸放氢时合金晶格体积膨胀引起的粉化,增强了合金的抗氧化腐蚀能力,使合金电极的循环稳定性得到提高。

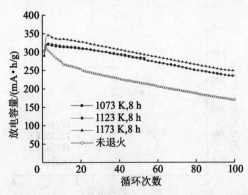

图 8-23   快凝及快凝退火 La$_4$MgNi$_{17}$Co$_2$ 储氢合金电极循环稳定性曲线

8.3.1.3　合金的动力学学性能

图 8-24 显示了合金电极的高倍率放电性能曲线。从图中可以看出,较低的退火温度 1073 K 对合金电极的高倍率放电性能提升较小,但随着退火温度的进一步提高,合金的动力学性能明显得到一定的改善,合金的高倍率性能 HRD_{900} 由 1073 K 时的 82.69% 提升到 1123 K 时的 90.33%,这可能与合金中的相组成及相含量有关,这一结论与第 6 章的研究结果类似。影响合金电极高倍率放电性能主要有两个因素,一是表面的电化学反应,可由交换电流密度体现;二是合金内部氢原子的转移,可由氢的扩散系数体现。

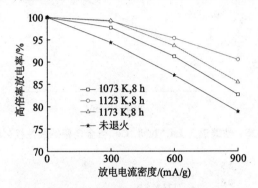

图 8-24　合金电极的高倍率放电性能曲线

（1）交换电流密度与电化学反应阻抗

图 8-25 为合金电极的线性极化曲线。从图中可以看出,在平衡电位附近,电压和电流呈现了良好的线性关系,根据公式（2-6）计算出交换电流密度值 I_0,列于表 8-9。由表中结果分析可知,退火处理明显提高了合金的高倍率放电性能,随着退火温度的提高 I_0 从 110.63 mA/g（未退火合金）提高到 187.7 mA/g（1123 K 退火合金）,然后降低至 121.9 mA/g（1173 K 退火合金）,这与合金的高倍率放电性能的变化规律一致。这说明合金电极的表面催化活性是影响其高倍率放电性能的一个重要因素。

图 8-26 为 $La_4MgNi_{17}Co_2$ 合金电极的交流阻抗图谱,拟合其中反映表面催化活性的中低频区大半圆的交流阻抗值,列于表 8-9。

结合图 8-26 和表 8-9 可以看出,该系列合金的交流阻抗曲线图由高频区小半圆、中低频区大半圆和斜线组成。随着退火温度的增加,该合金电极的中低频区半圆的直径先减小后增加,其拟合得出的值由 0.95 Ω(1073 K)减小到 0.48 Ω(1123 K),然后增加到 0.95 Ω(1173 K)。得到交流阻抗值与交换电流密度值 I_0 成反比,从另一个方面证实了退火处理可改善合金的表面催化活性。

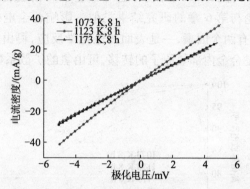

图 8-25　快凝退火 La$_4$MgNi$_{17}$Co$_2$ 合金电极的线性极化曲线

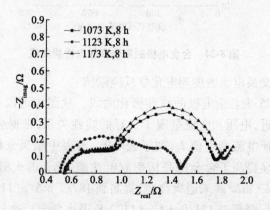

图 8-26　快凝退火 La$_4$MgNi$_{17}$Co$_2$ 合金电极的交流阻抗图谱

表 8-9　$La_4MgNi_{17}Co_2$ 合金电极的动力学性能参数

试样	高倍率放电性能 HRD/%			R/Ω	$I_0/$ (mA/g)	$D/$ ($\times 10^{-10}cm^2 \cdot s^{-1}$)
	HRD_{300}	HRD_{600}	HRD_{900}			
未退火	94.36	87.00	78.87	1.42	110.63	0.751
1073 K,8 h	97.68	91.19	82.69	0.95	123.76	0.959
1123 K,8 h	99.12	95.33	90.33	0.48	187.7	1.041
1173 K,8 h	99.25	93.61	85.45	0.95	121.9	1.162

（2）氢的扩散系数

图 8-27 为该系列合金的恒电位阶跃曲线。根据该曲线线性部分的拟合结果,利用公式(2-7)计算出氢在合金中扩散速率 D,计算结果同样列于表 8-9。从表中可以看出,退火处理后,该系列合金的氢扩散系数整体有了明显提高,与高倍率放电性能的变化一致。为进一步确认影响合金电极高倍率放电性能的机制,关联了 HRD_{900} 的高倍率放电性能与 I_0 和 D 的关系,如图 8-28 所示。从图中可以看出,交换电流密度 I_0 与高倍率放电性能基本都呈线性关系,而扩散系数 D 则与高倍率放电性能是反向关系。这一结果表明,在高的放电电流条件下,合金电极的高倍率放电性能 HRD_{900} 主要受合金的表面催化活性影响。

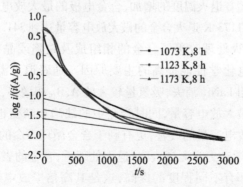

图 8-27　快凝退火 $La_4MgNi_{17}Co_2$ 合金电极的恒电位阶跃曲线

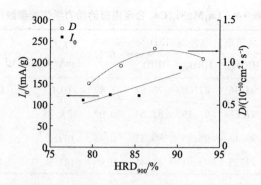

图 8-28   快凝退火 La₄MgNi₁₇Co₂ 合金电极 HRD₉₀₀ 与 I₀ 和 D 的关系

8.3.1.4 本节小结

本节系统研究了退火温度对快凝15 m/s 合金 La₄MgNi₁₇Co₂ 的相结构和电化学性能的影响,得出以下结论:

① 退火合金由 LaNi₅ 相和 A₅B₁₉相组成,退火处理有助于消除合金在快速凝固过程中产生的部分缺陷,进一步均匀成分,使杂相 LaNi₂ 消失,有利于 A₅B₁₉相的形成。此外,退火合金的晶胞体积整体有所下降。

② 退火处理会提高合金电极的最大放电容量、高倍率放电性能和循环寿命,同时会降低合金电极的活化性能,但仍可在 3 次循环内活化。随着退火温度的增加,合金电极的最大放电容量先减小后增加,最后 1173 K 退火合金的最大放电容量达到341.7 mA·h/g。研究认为,退火处理改善了合金的相组成及缺陷或晶格畸变是合金电极综合电化学性能提高的主要原因。随着退火温度的提高,合金中的杂相 LaNi₂ 消失,吸氢量较大的 A₅B₁₉相增多,必然会提高合金电极的最大放电容量,同时合金中的缺陷和畸变也得以消除,有利于最大放电容量的改善,更有利于合金循环寿命的提升。

③ 电化学动力学测试表明,退火处理后,合金的表面催化活性和扩散系数都有不同程度的提高,这是其高倍率放电性能提高的重要原因。拟合分析后认为,在较高放电电流条件下,合金电极的表面催化活性是影响高倍率放电性能的主要因素。

8.3.2　退火时间对 La₄MgNi₁₇Co₂ 储氢合金相结构及其性能的影响

上一节研究显示,对于快速凝固合金,退火温度提高到 1173 K 就已使合金中 Mg 的挥发加剧,合金中的 A₅B₁₉相有所减少。因此,为减少 Mg 元素挥发可能带来的影响,进一步优化退火处理制度,选取较低温度 1073 K 作为退火温度,研究不同退火时间对快凝 15 m/s La₄MgNi₁₇Co₂ 合金的影响,退火温度为 1073 K,保温时间分别为 4,8,16 h。

8.3.2.1　合金的相结构

图 8-29 为 La₄MgNi₁₇Co₂ 快凝合金在 1073 K 温度下保温不同退火时间的 XRD 图谱。从该图谱中可以看到,该系列合金由 LaNi₅ 相和 La₄MgNi₁₉相组成。随着退火时间的不断增加,A₅B₁₉相的衍射峰强度减弱,LaNi₅ 相的衍射峰强度有所增强,说明在该温度下退火时间的延长,可能会使 A₅B₁₉相发生分解。根据 XRD 图谱,采用 Rietveld 全谱拟合计算了合金各相的相丰度和晶胞参数,列于表 8-10。图 8-30 则显示了快速凝固速度为 15 m/s 的合金经 1073 K × 16 h 退火后的 Rietveld 全谱拟合分析图,其中 R_{wp} = 18.9%,S = 2.1,具有较好的可信度。

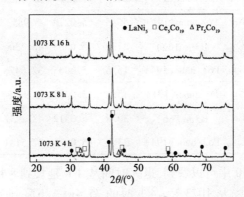

图 8-29　不同时间退火 La₄MgNi₁₇Co₂ 合金的 XRD 图谱

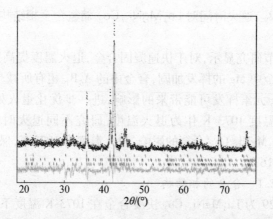

图 8-30　$La_4MgNi_{17}Co_2$ 合金退火 16 h 的全谱拟合图谱

表 8-10　$La_4MgNi_{17}Co_2$ 合金的晶体结构参数和相组成

试样	相	晶体群	相丰度/wt%	晶胞参数/Å		晶胞体积 $V/Å^3$
				a	c	
x = 1073 K 4 h	$LaNi_5$	P6/mmm(191)	24.6	5.0385	3.9949	87.83
	Ce_5Co_{19}	R$\bar{3}$m(166)	46.9	5.0334	48.3257	1060.33
	Pr_5Co_{19}	P63/mmc(194)	28.5	5.0309	32.4964	712.29
x = 1073 K 8 h	$LaNi_5$	P6/mmm(191)	56.5	5.0229	3.9853	87.08
	Ce_5Co_{19}	R$\bar{3}$m(166)	27.9	5.0308	48.2306	1057.11
	Pr_5Co_{19}	P63/mmc(194)	15.6	5.0065	32.5476	706.50
x = 1073 K 16 h	$LaNi_5$	P6/mmm(191)	45.5	5.0250	3.9878	87.20
	Ce_5Co_{19}	R$\bar{3}$m(166)	30.8	5.0312	48.2237	1057.16
	Pr_5Co_{19}	P63/mmc(194)	23.7	5.0118	32.5131	707.24

从表 8-10 中可以看到,退火时间从 4 h 延长到 8 h,A_5B_{19} 相的丰度明显减少,从 1073 K×4 h 时的 75.4wt% 下降到 1073 K×8 h 时的 43.5wt%,当退火时间进一步增加到 16 h 时,A_5B_{19} 相的相丰度又有所增加;$LaNi_5$ 相的相丰度则刚好相反。这一情况说明,对快速凝固合金,在较短时间和较低温度退火,可以减少 Mg 的挥发,

有助于增加 A_5B_{19} 相的含量。此外,从表8-10 还可看出,当退火时间从4 h 增加到8 h 后,合金中各相的晶胞参数均有明显减小,当退火时间继续延长到16 h 又略有增加。这说明该温度下退火时间在8 h 内可明显消除因快速凝固产生的缺陷和晶格畸变,均匀化成分,使晶格参数恢复到正常水平,有利于合金循环稳定性的提高。

8.3.2.2　合金的电化学性能

（1）活化性能与最大放电容量

图 8-31 为在 1073 K 温度下保温不同时间的合金电极的活化性能曲线。从图中可以看出,退火时间的增加对合金活化性能影响不大,所有合金均能在 2~3 次循环后活化。表 8-11 列出了不同退火时间的 $La_4MgNi_{17}Co_2$ 快凝合金电极的电化学性能参数。结合图 8-31 和表 8-11 可以看出,随着退火时间的延长,合金的最大放电容量逐步下降,最大放电容量从退火4 h 合金的 361.1 mA·h/g 降低至退火 16 h 合金的 315.7 mA·h/g。研究认为,这与 Mg 长时间保温挥发引起合金中吸氢量较大的 A_5B_{19} 相发生分解有关。此外,退火时间的不断增加,合金中的成分、晶格畸变和缺陷逐渐恢复正常,使得合金相的晶胞体积明显减小,也会引起合金电极最大放电容量的下降。

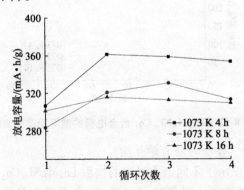

图8-31　$La_4MgNi_{17}Co_2$ 合金电极的活化性能曲线

表 8-11　La₄MgNi₁₇Co₂ 合金电极的电化学性能参数

试样	C_{max}/(mA·h/g)	N_a	S_{100}/%
1073 K,4 h	361.1	2	71.95
1073 K,8 h	330.6	3	72.41
1073 K,16 h	315.7	2	76.85

（2）循环稳定性

图 8-32 为不同退火时间的快凝 La₄MgNi₁₇Co₂ 合金电极循环稳定性曲线,根据公式(2-5)计算合金电极的 100 次循环容量保持率 S_{100},列于表 8-11。从表中可以看出,随着退火时间的增加,合金的循环稳定性稳步提升,说明退火时间的增加有利于合金循环稳定性的提高。退火时间的增加使合金组织更加均匀化,提高了合金电极的抗氧化腐蚀能力,抑制了合金颗粒粉化,从而改善了合金电极的循环稳定性。

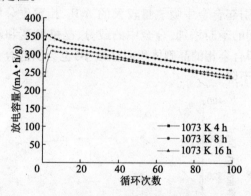

图 8-32　La₄MgNi₁₇Co₂ 合金电极的循环稳定性曲线

8.3.2.3　合金的动力学性能

图 8-33 显示了不同退火时间的快凝 La₄MgNi₁₇Co₂ 合金电极高倍率放电性能曲线。从图中可以看出,合金的高倍率放电性能随着退火时间的增加而降低。表 8-12 列出了该系列合金电极的相关动力学性能参数。从表中可以看出,当合金电极放电电流密度为 300 mA/g 时,合金的高倍率放电性能良好,均保持在 96% 以上。

随着放电电流密度的增加,合金电极高倍率放电性能的表现差距明显,当放电电流密度达到 900 mA/g 时,合金的 HRD_{900} 从退火 4 h 时的 88.23% 下降到退火 16 h 时的 80.14%。为了解影响合金的动力学性能,需对该系列合金的线性极化、交流阻抗及恒电位阶跃进行测试分析。

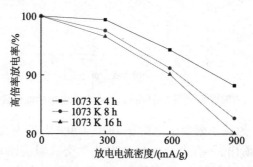

图 8-33　$La_4MgNi_{17}Co_2$ 合金电极的高倍率放电性能曲线

表 8-12　$La_4MgNi_{17}Co_2$ 合金电极的动力学性能参数

试样	高倍率放电性能 HRD/%			R/Ω	$I_0/$ (mA/g)	$D/$ ($\times 10^{-10}\,cm^2 \cdot s^{-1}$)
	HRD_{300}	HRD_{600}	HRD_{900}			
1073 K,4 h	99.40	94.32	88.23	0.72	136.67	0.753
1073 K,8 h	97.68	91.19	82.69	0.95	123.76	0.959
1073 K,16 h	96.55	90.12	80.14	1.17	110.59	0.641

（1）交换电流密度与电化学反应阻抗

图 8-34 为不同退火时间的快凝 $La_4MgNi_{17}Co_2$ 合金电极的线性极化曲线。从图中可以看出,在平衡电位附近,电压和电流呈现了良好的线性关系,根据公式(2-6)计算出合金电极的交换电流密度值 I_0,列于表 8-12。由表中结果分析可以看出,合金电极的交换电流密度 I_0 较小,最高只有退火 4 h 时的 136.67 mA/g,而且随着退火时间的增加,合金电极的交换电流密度 I_0 减小到退火 16 h 时的 110.59 mA/g,与合金电极的高倍率放电性能 HRD_{900} 变化规律一致。

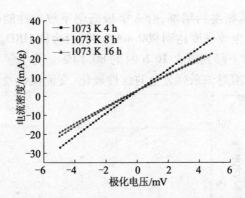

图8-34 不同退火时间 $La_4MgNi_{17}Co_2$ 合金电极的线性极化曲线

图8-35 为该系列合金电极在 DOD = 50% 时的电化学阻抗谱。从图中可以看出,所有合金电极的电化学交流阻抗图均由高频区的小半圆、中低频区的大半圆及斜线组成。研究认为,中低频区的大半圆反映了合金电极表面的电化学反应阻抗,对其进行拟合,所得阻抗值列于表8-12。

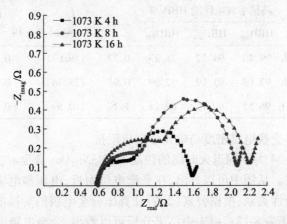

图8-35 不同退火时间 $La_4MgNi_{17}Co_2$ 合金电极的交流阻抗图谱

结合图8-35 和表8-12 可以看出,随着退火时间的增加,合金电极的交流阻抗值不断增加,由 $R = 0.72\ \Omega(1073\ K, 4\ h)$ 增加到 $R = 1.17\ \Omega(1073\ K, 16\ h)$,显示了较大的阻抗,这与合金电极交换

电流密度 I_0 较小的结果的一致。交换电流密度和阻抗两个结果均表明,退火时间的增加会降低合金表面的电催化活性,这与更长退火时间有利于原子充分扩散,从而有助于消除缺陷和改善合金成分均匀性有关。

（2）氢的扩散系数

图 8-36 所示为满充状态下不同退火时间的快凝 $La_4MgNi_{17}Co_2$ 合金电极的恒电位阶跃曲线。从图中可以看出,当时间足够长时,$\log i$ 与 t 基本呈线性关系,根据公式（2-7）计算出氢扩散系数 D 值,记录于表 8-12。从表中可以看出,上述合金电极中氢的扩散系数 D 值随着退火时间的增加先增加后减少,与高倍率放电性能的变化规律并不一致。结合反映表面催化活性的交换电流密度和阻抗结果,研究认为,高倍率放电性能主要受控于合金表面的电催化活性。

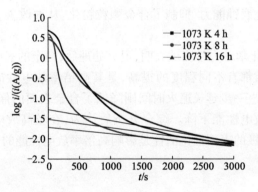

图 8-36　$La_4MgNi_{17}Co_2$ 合金电极在 $+600$ mV 电位阶跃后的曲线

8.3.2.4　本节小结

本节系统研究了 1073 K 退火温度下不同退火时间对 15 m/s 快凝 $La_4MgNi_{17}Co_2$ 合金的相结构和电化学性能的影响,得出以下主要结论:

① 15 m/s 快凝合金在 1073 K 温度下退火不同时间后,仍由 $LaNi_5$ 相和 A_5B_{19} 相组成。在较低温度和较短时间退火,可以减少 Mg 的挥发,有助于增加 A_5B_{19} 相的含量。退火时间增加会明显降

低合金中各相的晶胞参数,但进一步增加退火时间,晶胞参数又略有增大。这说明该温度下退火时间在 8 h 内可明显消除因快速凝固产生的缺陷和晶格畸变,均匀化成分,使晶格参数恢复到了正常水平,有利于合金循环稳定性的提高。

② 较低温度下,退火时间的增加基本不会影响合金电极的活化性能,但会降低合金电极的最大放电容量、高倍率放电性能。这可能是退火时间的增加有利于原子的充分扩散和反应,合金中的成分、晶格畸变和缺陷逐渐得以恢复正常,使得合金相的晶胞体积明显减小所致。此外,合金中较大吸氢量的 A$_5$B$_{19}$相的减少也是合金电极最大放电容量下降的另一重要原因。

③ 退火时间的增加有利于合金循环稳定性的提高。合金的循环寿命 S_{100}由 1073 K ×4 h 时的 71.95% 提高到 1073 K × 16 h 时的76.85% 。退火时间的增加使合金组织更加均匀化,提高了合金电极的抗氧化腐蚀能力,抑制了合金颗粒粉化,从而改善合金电极的循环稳定性。

④ 电化学动力学测试表明,退火处理后,合金的表面催化活性和扩散系数都有不同程度的提高,是其高倍率放电性能提高的重要原因,但进一步延长退火时间则降低了合金表面的催化活性,不使高倍率放电性能下降。综合分析后认为,在较高放电电流条件下,合金电极的表面催化活性是影响高倍率放电性能的主要因素。

第9章 测试条件对储氢合金电化学性能的影响

在实际应用中,性能优越的 Ni-MH 电池应该适应较宽的工作温度范围,这就要求电极材料在一定的温度范围内保持性能稳定,同时电解液也会因为某些原因发生消耗,浓度发生改变。因此,本书分别选取具有较好电化学性能的 $La_4MgNi_{17.5}Co_{1.5}$ 和 $La_4MgNi_{18}Mn$ 合金,分析环境测试温度和电解液对储氢电极合金电化学性能的影响。

9.1 测试温度对储氢合金性能的影响

9.1.1 合金的相结构

图 9-1 为 1123 K 退火保温 8 h 的 $La_4MgNi_{17.5}Co_{1.5}$ 合金的 XRD 图谱。

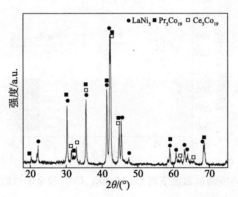

图 9-1 $La_4MgNi_{17.5}Co_{1.5}$ 合金的 XRD 图谱

从图中可以看出,合金主要由 $LaNi_5$ 相($CaCu_5$ 结构,空间群为 P6/mmm)和 La_4MgNi_{19} 相(A_5B_{19} 型结构: Ce_5Co_{19} + Pr_5Co_{19} ,空间群分别为 $R\bar{3}m$ 和 P63/mmc)组成。可以看出合金衍射峰尖锐,结晶度良好。采用 Rietveld 全谱拟合计算了合金各相丰度、晶胞参数和晶胞体积,列于表 9-1。

表 9-1 $La_4MgNi_{17.5}Co_{1.5}$ 合金的晶体结构参数和相组成

相	晶体群	相丰度/wt%	晶胞参数/Å		晶胞体积 $V/Å^3$
			a	c	
$LaNi_5$	P6/mmm (191)	46.8	5.04071	3.99348	87.88
Ce_5Co_{19}	$R\bar{3}m$ (166)	33.2	4.99164	49.3638	1065.19
Pr_5Co_{19}	P63/mmc (194)	20.0	5.04171	31.98407	704.08

9.1.2 合金电极的电化学性能

(1)活化性能和最大放电容量

图 9-2 为 $La_4MgNi_{17.5}Co_{1.5}$ 合金电极在不同环境测试温度下的活化性能曲线。由图可以看出,随着温度的升高,合金的活化性能得到改善,在 283 K 时合金需要经过 4 次充放电才能完全活化,而当温度升高到 308 K 时合金的活化次数缩短到 1 次。

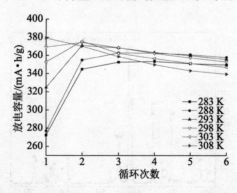

图 9-2 不同环境测试温度下的 $La_4MgNi_{17.5}Co_{1.5}$ 合金电极的活化性能曲线

表 9-2 是不同环境测试温度下的 $La_4MgNi_{17.5}Co_{1.5}$ 合金电极的电化学性能参数。从表中可以看出,环境测试温度的升高会使合

金的最大放电容量明显升高。当温度由 283 K 升高到 308 K 时,合金的最大放电容量从 283 K 时的 353.33 mA·h/g 提高到 308 K 时的 379.25 mA·h/g。这说明当环境测试温度比较低时,合金电极的充放电反应速率降低,合金电极容量释放不完全,随着温度的升高,合金氢化物的稳定性降低,合金释放出的氢原子随温度的上升而增多,因此合金的最大放电容量也随温度的上升而增大。

表 9-2 不同环境测试温度下的 $La_4MgNi_{17.5}Co_{1.5}$ 合金电极的电化学性能参数

温度/K	$C_{max}/$ (mA·h/g)	N_a	$S_{100}/\%$	高倍率放电性能 HRD/%		
				HRD_{300}	HRD_{600}	HRD_{900}
283	353.33	4	80.19	89.53	77.53	66.36
288	362.92	3	76.20	93.85	86.91	78.79
293	371.03	2	71.66	97.89	95.05	91.97
298	375.33	2	65.52	98.72	96.78	94.83
303	375.65	2	62.21	98.81	97.06	95.27
308	379.25	1	52.04	99.54	97.85	95.64

(2)不同温度下合金的循环稳定性

图 9-3 为 $La_4MgNi_{17.5}Co_{1.5}$ 合金电极在不同环境测试温度下的循环稳定性曲线。图 9-4 为 $La_4MgNi_{17.5}Co_{1.5}$ 合金电极的容量保持率与环境测试温度的关系曲线。由图 9-3 可以发现,随着温度的升高,合金的循环稳定性持续降低,S_{100} 由 283 K 时的 80.19% 降低至 308 K 时的 52.04%,说明温度的升高会使合金的腐蚀速率和氧化过程加快,从而降低了合金的循环稳定性。

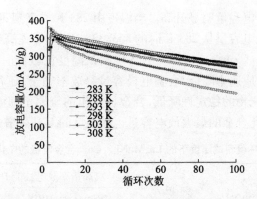

图 9-3　La₄MgNi₁₇.₅Co₁.₅合金电极在不同环境测试温度下的循环稳定性曲线

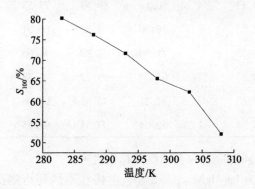

图 9-4　La₄MgNi₁₇.₅Co₁.₅合金电极的容量保持率与环境测试温度的关系曲线

（3）不同测试温度下合金的高倍率放电性能

图 9-5 为不同测试温度下 La₄MgNi₁₇.₅Co₁.₅合金电极的高倍率放电性能曲线。由图可见,在 293 K 及以上测试温度条件下合金的高倍率放电性能明显优于 293 K 之下时的高倍率放电性能,HRD₉₀₀从 283 K 时的 66.36% 增大到 308 K 时的 95.64%,这可能是因为低温时氢的扩散速率变慢,而温度升高使氢在合金中的扩散速率变快,从而有利于合金动力学性能的提高。

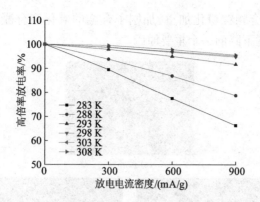

图 9-5　不同测试温度下 La$_4$MgNi$_{17.5}$Co$_{1.5}$ 合金电极的高倍率放电性能曲线

图 9-6 是不同测试温度下 La$_4$MgNi$_{17.5}$Co$_{1.5}$ 合金电极的放电平台曲线。由图可见,合金放电平台曲线明显存在两个平台区域,分别对应着 LaNi$_5$ 相和 A$_5$B$_{19}$ 相。随着温度的升高,合金的平台压力逐渐升高,平衡电位越高,氢化物稳定性越低,从而改善氢的扩散,有助于提高合金的高倍率放电性能。

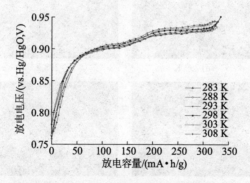

图 9-6　不同测试温度下 La$_4$MgNi$_{17.5}$Co$_{1.5}$ 合金电极的放电平台曲线

9.1.3　SEM 形貌

图 9-7 为合金循环前和经 100 次循环后的合金颗粒的形貌图片。从图中可以看出,随着温度的升高,合金颗粒表面的裂纹逐渐增多,合金颗粒粉化越严重,这可能是因为随着环境测试温度的升高,合金电极的吸氢量增加,使得吸放氢过程的膨胀和收缩也变

大,导致合金颗粒粉化加重,加剧了合金的氧化和分凝,这是合金循环稳定性下降的一个重要原因。

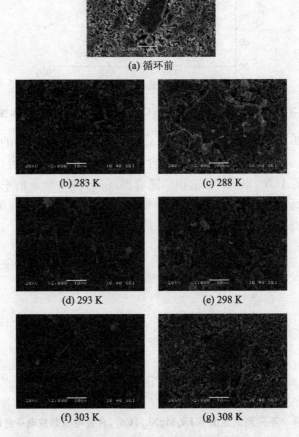

(a) 循环前

(b) 283 K

(c) 288 K

(d) 293 K

(e) 298 K

(f) 303 K

(g) 308 K

图 9-7　合金充放电循环前后合金颗粒的 SEM 形貌图片

9.1.4　本节小结

本节探索了环境测试温度对 La$_4$MgNi$_{17.5}$Co$_{1.5}$储氢电极合金的相结构和电化学性能的影响,得出如下结论:

① 随着测试温度的升高,合金的活化性能、最大放电容量和高

倍率放电性能等都有明显提升,但循环寿命明显下降。

② P-C-T 曲线测试表明,随着环境测试温度的升高,合金的放氢平台压力逐渐提高,在低于一个大气压的条件下,平衡电位越高,氢化物稳定性越低,从而改善氢的扩散,提高了合金的高倍率放电性能和最大放电容量。

③ 测试温度的升高,加剧了合金电极所受的腐蚀,从而引起循环寿命的降低。此外,合金循环后电极片的 SEM 形貌分析表明,合金颗粒粉化随着温度的升高而严重,这可能是由于随着环境测试温度升高,使合金的吸放氢的量增加,导致合金吸放氢过程的膨胀和收缩变大。粉化加重会加剧合金的氧化和分凝,这也是合金循环稳定性下降的另一重要原因。

9.2 电解液浓度对储氢合金性能的影响

前述 4.3 节对 Mn 元素部分替代 Ni 的 La-Mg-Ni 系合金进行了研究,发现其最大放电容量较高,但循环寿命较差。因此,本节选取其中的 $La_4MgNi_{18}Mn$ 合金作为对象,对比测试电解液对其电化学放电性能是否有较大的影响或提升。电解液选用 5 mol/L,6 mol/L,7 mol/L KOH。6 mol/L 分为两种,一种是实验用的正常配制的溶液,另一种是浸泡 La、Mg、Ni、Mn 等合金粉末 7 天的 6 mol/L KOH。其他的电化学测试条件同其他章节。

9.2.1 电化学性能

表 9-3 列出了不同浓度电解液下 $La_4MgNi_{18}Mn$ 合金的各项电化学性能。从表中可以看出,不同浓度电解液下测试合金的电化学性能比较接近。对于活性性能,电解液浓度稍低的 5 mol/L 电解液中的合金电极需要 2 个循环才能达到其最大放电容量,高于其他电解液中的合金电极活化次数。合金的最大放电容量则均在 370 mA·h/g 左右,电解液中 KOH 含量的增加或减小,都会让合金的最大放电容量减小,而添加 La、Mg、Ni、Mn 合金粉末的 6 mol/L KOH 溶液的最大放电容量也有所下降。

电解液浓度的增加会略微提高合金电极的高倍率放电性能，这可能与溶液离子的增加加速了电荷转移速度有关，但影响很小。

表 9-3　$La_4MgNi_{18}Mn$ 合金电极 4 种不同浓度电解液下在 293 K 时电化学性能

电解液 （KOH）	最大放电容量/ （mA·h/g）	活化次数/ N_a	高倍率放电性能 HRD/%		
			HRD_{300}	HRD_{600}	HRD_{900}
5 mol/L	371.8	2	97.28	92.67	88.87
6 mol/L	375.2	1	97.96	93.45	89.41
7 mol/L	369.5	1	98.57	93.52	90.94
6 mol/L （添加合金粉末）	372.5	1	97.63	93.41	89.05

9.2.2　放电平台特性

图 9-8 为 $La_4MgNi_{18}Mn$ 合金电极 4 种不同浓度电解液下在 293 K 时的放电平台特性。从图中可以看出，所有合金电极的放氢平台的形态非常相似，只是放氢平台的高低出现变化，高的电解液浓度中的合金电极放氢平台低一些。这可能也是合金电极高倍率放电性能随电解液浓度增加略有改善的原因之一。

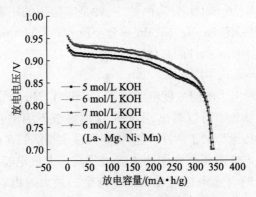

图 9-8　$La_4MgNi_{18}Mn$ 合金电极 4 种不同浓度
电解液下在 293 K 时的放电平台特性

9.2.3　本节小结

本节初步了解了 $La_4MgNi_{18}Mn$ 合金在不同浓度电解液下的电化学性能,得出结论如下:

在 6 mol/L KOH 浓度附近调整其浓度变化,对合金电化学性能的影响很小。低电解液浓度会增加合金电极的活化次数,高的电解液浓度会降低合金电极的放氢平台电压,略有提高合金电极的高倍率放电性能。这可能是溶液中离子增多,可以加快电荷转移速度所致。

参考文献

[1] 王可, 罗永春, 梅兴志, 等. A_2B_7 型 $La_{0.64}Gd_{0.2}Mg_{0.16(1+x)}$ $Ni_{3.1}Co_{0.3}Al_{0.1}$ 储氢合金微观组织和电化学性能[J]. 稀有金属, 2015, 39 (10): 882 – 890.

[2] 许剑轶, 闫如煦, 罗永春, 等. A_2B_7 型 $La_{0.75}Mg_{0.25}Ni_{3.5-x}$-$Fe_x (x = 0 \sim 0.3)$ 储氢合金相结构及电化学性能研究[J]. 稀有金属, 2009, 33 (3): 323 – 327.

[3] 蔡鑫. A_5B_{19} 型 La-Mg-Ni-Co 储氢合金的研究[D]. 镇江: 江苏科技大学, 2017.

[4] 章应, 罗永春, 王大辉, 等. AB_2 型 $LaMgNi_{3.7}M_{0.3}$ (M = Ni、Al、Mn、Co、Sn、Cu) 储氢合金的晶体结构及电极性能[J]. 功能材料, 2005, 36 (9): 1372 – 1376.

[5] 樊静波, 邓安强, 夏广军, 等. $AB_{3.8}$ 型 La-Mg-Ni 系储氢合金相结构和电化学性能研究[J]. 稀有金属材料与工程, 2010, 39 (12): 2142 – 2146.

[6] 田晓, 段如霞, 姚占全, 等. $AB_{3.8}$ 型 $La_{0.75}Mg_{0.25}Ni_{3.3}Co_{0.5}$ 储氢合金颗粒度对其电化学性能的影响[J]. 稀土, 2015, 36 (2): 102 – 106.

[7] 吴静然. AB_3 型 La-Mg-Ni 系稀土储氢合金电极合金结构和储氢性能[J]. 热加工工艺, 2010, 39 (2): 29 – 31.

[8] 江冰洁, 王敬, 穆道斌, 等. Al 对 La-Mg-Ni 系储氢合金电极电化学性能的影响[J]. 中国有色金属学报, 2008, 18 (11): 2036 – 2043.

[9] Li F, Young K, Ouchi T, et al. Annealing effects on structural

and electrochemical properties of (LaPrNdZr)$_{0.83}$ Mg$_{0.17}$ (NiCoAlMn)$_{3.3}$ alloy[J]. Journal of Alloys and Compounds, 2009, 471 (1-2): 371-377.

[10] 李振轩, 文朱, 聪谭, 等. A、B 侧元素化学计量比对 La-Mg-Ni-Co 系四元储氢合金的电化学性能影响研究[J]. 稀有金属材料工程, 2015, 44 (2): 397-402.

[11] Ye S H, Gao X P, Liu J, et al. Characteristics of mixed hydrogen storage electrode [J]. Journal of Alloys and Compounds, 1999, 292: 191-193.

[12] Zhao Y M, Han S M, Li Y A, et al. Characterization and improvement of electrochemical properties of Pr$_5$Co$_{19}$-type single phase La$_{0.84}$Mg$_{0.16}$Ni$_{3.80}$ alloy[J]. Electrochimica Acta, 2015, 152: 265-273.

[13] Lupu D, Biris A R, Biris A S, et al. Cobalt-free over-stoichiometric Laves phase alloys for Ni-MH batteries[J]. Journal of Alloys and Compounds, 2003, 350: 319-323.

[14] Zhao Y M, Zhang L, Ding Y Q, et al. Comparative study on the capacity degradation behavior of Pr$_5$Co$_{19}$-type single-phase Pr$_4$MgNi$_{19}$ and La$_4$MgNi$_{19}$ alloys[J]. Journal of Alloys and Compounds, 2017, 694: 1089-1097.

[15] Young K, Huang B, Regmi R K, et al. Comparisons of metallic clusters imbedded in the surface oxide of AB$_2$, AB$_5$, and A$_2$B$_7$ alloys[J]. Journal of Alloys and Compounds, 2010, 506 (2): 831-840.

[16] Dong Z W, Ma L Q, Shen X D, et al. Cooperative effect of Co and Al on the microstructure and electrochemical properties of AB$_3$-type hydrogen storage electrode alloys for advanced MH/Ni secondary battery[J]. International Journal of Hydrogen Energy, 2011, 36 (1): 893-900.

[17] Reilly J J, Adzic G D, Johnson J R, et al. The correlation be-

tween composition and electrochemical properties of metal hydride electrodes[J]. Journal of Alloys and Compounds, 1999, 293 – 295:569 – 582.

[18] 许剑轶, 闫如煦, 罗永春, 等. Co 替代 Ni 对 A$_2$B$_7$ 型储氢电极合金相结构及电化学性能的影响[J]. 稀土, 2011, 32 (5): 72 – 77.

[19] Latroche M, Joubert J M, Percheron-Guegan A, et al. Crystal Structure of Nonstoichiometric Copper – Substituted La(Ni$_{1-z}$Cu$_z$)$_x$ Compounds Studied by Neutron and Synchrotron Anomalous Powder Diffraction[J]. Journal of Solid State Chemistry, 1999, 146: 313 – 321.

[20] Shi S Q, Li C R, Tang W H. Crystallographic and electrochemical performances of La—Mg—Ni—Al—Mo – based alloys as anode materials for nickel—metal hydride batteries[J]. Journal of Alloys and Compounds, 2009, 476 (1 – 2): 874 – 877.

[21] Tian Q F, Zhang Y, Wu Y X, et al. The cycle life prediction of Mg – based hydrogen storage alloys by artificial neural network[J]. International Journal of Hydrogen Energy, 2009, 34 (4): 1931 – 1936.

[22] Liu Z Y, Yan X L, Wang N, et al. Cyclic stability and high rate discharge performance of (La, Mg)$_5$Ni$_{19}$ multiphase alloy [J]. International Journal of Hydrogen Energy, 2011, 36 (7): 4370 – 4374.

[23] Cai X, Wei F S, Wei F N, et al. Effect of Ambient Temperature on the Electrochemical Properties of La$_4$MgNi$_{17.5}$Co$_{1.5}$ Hydrogen Storage Alloy[J]. Acta Metallurgica Sinica (English Letters), 2016, 29 (7): 614 – 618.

[24] Gao J, Yan X L, Zhao Z Y, et al. Effect of annealed treatment on microstructure and cyclic stability for La-Mg-Ni hydrogen storage alloys[J]. Journal of Power Sources, 2012,209:257 –

261.

[25] Jiang W Q, Mo X H, Guo J, et al. Effect of annealing on the structure and electrochemical properties of $La_{1.8}Ti_{0.2}MgNi_{8.9}Al_{0.1}$ hydrogen storage alloy [J]. Journal of Power Sources, 2013, 221: 84 – 89.

[26] Hu W K, Kim D M, Jeon S W, et al. Effect of annealing treatment on electrochemical properties of Mm – based hydrogen storage alloys for Ni/MH batteries [J]. Journal of Alloys and Compounds, 1998, 270: 255 – 264.

[27] Wu F, Zhang M Y, Mu D B. Effect of B and Fe substitution on structure of AB_3 – type Co – free hydrogen storage alloy [J]. Transactions of Nonferrous Metals Society of China, 2010, 20 (10): 1885 – 1891.

[28] Liu Y F, Pan H G, Gao M X, et al. Effect of Co content on the structural and electrochemical properties of the $La_{0.7}Mg_{0.3}$-$Ni_{3.4-x}Mn_{0.1}Co_x$ hydride alloys [J]. Journal of Alloys and Compounds, 2004, 376 (1 – 2): 304 – 313.

[29] Zhao X J, Li Q, Chou K, et al. Effect of Co substitution for Ni and magnetic – heat treatment on the structures and electrochemical properties of La—Mg—Ni – type hydrogen storage alloys [J]. Journal of Alloys and Compounds, 2009, 473 (1 – 2): 428 – 432.

[30] Li Y, Wang C X, Tao Y, et al. Effect of Complex Surface Treatment on Morphology and Electrochemical Properties of La—Mg—Ni – Based Alloys [J]. Journal of The Electrochemical Society, 2017, 164 (12): A2611 – A2616.

[31] Bai T Y, Han S M, Zhu X L, et al. Effect of duplex surface treatment on electrochemical properties of AB_3 – type $La_{0.88}$-$Mg_{0.12}Ni_{2.95}Mn_{0.10}Co_{0.55}Al_{0.10}$ hydrogen storage alloy [J]. Materials Chemistry and Physics, 2009, 117 (1): 173 – 177.

[32] Werwiński M, Szajek A, Marczyńska A, et al. Effect of Gd and Co content on electrochemical and electronic properties of $La_{1.5}Mg_{0.5}Ni_7$ alloys: A combined experimental and first – principles study [J]. Journal of Alloys and Compounds, 2019, 773: 131 – 139.

[33] Denys R V, Yartys V A. Effect of magnesium on the crystal structure and thermodynamics of the $La_{3-x}Mg_xNi_9$ hydrides [J]. Journal of Alloys and Compounds, 2011, 509: S540 – S548.

[34] Zhang L, Han S M, Li Y, et al. Effect of magnesium on the crystal transformation and electrochemical properties of A_2B_7 – type metal hydride alloys [J]. Journal of The Electrochemical Society, 2014, 161 (12): A1844 – A1850.

[35] Lv W, Wu Y. Effect of melt spinning on the structural and low temperature electrochemical characteristics of La-Mg-Ni based $La_{0.65}Ce_{0.1}Mg_{0.25}Ni_3Co_{0.5}$ hydrogen storage alloy [J]. Journal of Alloys and Compounds, 2019, 789: 547 – 557.

[36] Chang J K, Shong D-N S, Tsai W T. Effect of Ni content on the electrochemical characteristics of the $LaNi_5$ – based hydrogen storage alloys [J]. Materials Chemistry and Physics, 2004, 83 (2 – 3): 361 – 366.

[37] Zhu W, Tan C, Xu J B, et al. Effect of Ni Substitution for Co on the Electrochemical Properties of $La_{0.75}Mg_{0.25}Ni_{2.7+x}Co_{0.4-x}Mn_{0.1}Al_{0.3}$ ($x = 0 \sim 0.4$) Hydrogen Storage Alloys Synthesized by Chemical Co – precipitation plus Reduction Method [J]. Journal of The Electrochemical Society, 2014, 161 (1): A89 – A96.

[38] Ping D X, Ying Y L, Huan Z Y, et al. Effect of Ni/(La + Mg) Ratio on Structure and Electrochemical Performance of La-Mg-Ni Alloy System [J]. Journal of Iron And Steel Re-

search International, 2009, 16（3）: 83 – 88.

[39] Yan H Z, Kong F Q, Xiong W, et al. Effect of praseodymium substitution for lanthanum on structure and properties of $La_{0.65-x}Pr_xNd_{0.12}Mg_{0.23}Ni_{3.4}Al_{0.1}$ ($x = 0.00 \sim 0.20$) hydrogen storage alloys[J]. Journal of Rare Earths, 2009, 27(2): 244 – 249.

[40] Li Y, Han D, Han S, et al. Effect of rare earth elements on electrochemical properties of La—Mg—Ni – based hydrogen storage alloys[J]. International Journal of Hydrogen Energy, 2009, 34（3）: 1399 – 1404.

[41] Casini J C S, Guo Z P, Liu H K, et al. Effect of Sn substitution for Co on microstructure and electrochemical performance of AB_5 type $La_{0.7}Mg_{0.3}Al_{0.3}Mn_{0.4}Co_{0.5-x}Sn_xNi_{3.8}$ ($x = 0 \sim 0.5$) alloys[J]. Transactions of Nonferrous Metals Society of China, 2015, 25（2）: 520 – 526.

[42] Zhang S K, Shu K Y, Lei Y Q, et al. The effect of solidification rate on the microstructure and electrochemical properties of Co – free Ml(NiMnAlFe)$_5$ alloys[J]. International Journal of Hydrogen Energy, 2003, 28（9）: 977 – 981.

[43] Iwakura C, Miyamoto M, Inoue H, et al. Effect of stoichiometric ratio on discharge efficiency of hydrogen storage alloy electrodes [J]. Journal of Alloys and Compounds, 1997, 259: 132 – 134.

[44] Liu Y X, Xu L Q, Jiang W Q, et al. Effect of substituting Al for Co on the hydrogen – storage performance of $La_{0.7}Mg_{0.3}Ni_{2.6}$- $Al_xCo_{0.5-x}$ ($x = 0.0 \sim 0.3$) alloys[J]. International Journal of Hydrogen Energy, 2009, 34（7）: 2986 – 2991.

[45] Jiang L, Li G X, Xu L, et al. Effect of substituting Mn for Ni on the hydrogen storage and electrochemical properties of Re-$Ni_{2.6-x}Mn_xCo_{0.9}$ alloys[J]. International Journal of Hydrogen

Energy, 2010, 35 (1): 204 - 209.

[46] Werwiński M, Szajek A, Marczyńska A, et al. Effect of substitution La by Mg on electrochemical and electronic properties in $La_{2-x}Mg_xNi_7$ alloys: a combined experimental and ab initio studies[J]. Journal of Alloys and Compounds, 2018, 763: 951 - 959.

[47] Wolff U, Gebert A, Eckert J, et al. Effect of surface pretreatment on the electrochemical activity of a glass - forming Zr—Ti—Al—Cu—Ni alloy[J]. Journal of Alloys and Compounds, 2002, 346: 222 - 229.

[48] Liao B, Lei Y Q, Chen L X, et al. Effect of the La/Mg ratio on the structure and electrochemical properties of $La_xMg_{3-x}Ni_9$ ($x = 1.6 \sim 2.2$) hydrogen storage electrode alloys for nickel—metal hydride batteries[J]. Journal of Power Sources, 2004, 129 (2): 358 - 367.

[49] Zhong C L, Chao D L, Zhu D, et al. Effects of Co Substitution for Ni on Microstructures and Electrochemical Properties of $LaNi_{3.8}$ Hydrogen Storage Alloys[J]. Rare Metal Materials and Engineering, 2014, 43 (3): 0519 - 0524.

[50] Li Z Y, Li S L, Yuan Z M, et al. Effects of Ni Content and Ball Milling Time on the Hydrogen Storage Thermodynamics and Kinetics Performances of La-Mg-Ni Ternary Alloys[J]. Acta Metallurgica Sinica (English Letters), 2019, 32 (8): 961 - 971.

[51] Zhang Y H, Zhao D L, Dong X P, et al. Effects of rapid quenching on structure and electrochemical characteristics of $La_{0.5}Ce_{0.2}Mg_{0.3}Co_{0.4}Ni_{2.6-x}Mn_x$ ($x = 0 \sim 0.4$) electrode alloys [J]. Transactions of Nonferrous Metals Society of China, 2009, 19 (2): 364 - 371.

[52] Zhang Y H, Yang T, Zhai T T, et al. Effects of stoichiometric

ratio La/Mg on structures and electrochemical performances of as – cast and annealed La-Mg-Ni – based A_2B_7 – type electrode alloys[J]. Transactions of Nonferrous Metals Society of China, 2015, 25 (6): 1968 – 1977.

[53] Iwakura C, Oura T, Inoue H, et al. Effects of substitution with foreign metals on the crystallographic, thermodynamic and electrochemical properties of AB_5 – type hydrogen storage alloys[J]. Electrochimica Acta, 1996, 41 (1): 117 – 121.

[54] Zhang Y H, Zhao D L, Li B W, et al. Effects of the substitution of Al for Ni on the structure and electrochemical performance of $La_{0.7}Mg_{0.3}Ni_{2.55-x}Co_{0.45}Al_x$ ($x = 0 \sim 0.4$) electrode alloys[J]. Journal of Materials Science, 2007, 42 (19): 8172 – 8177.

[55] Young K, Ouchi T, Huang B. Effects of various annealing conditions on (Nd, Mg, Zr) (Ni, Al, Co) $_{3.74}$ metal hydride alloys[J]. Journal of Power Sources, 2014, 248: 147 – 153.

[56] Férey A, Cuevas F, Latroche M, et al. Elaboration and characterization of magnesium – substituted La_5Ni_{19} hydride forming alloys as active materials for negative electrode in Ni-MH battery[J]. Electrochimica Acta, 2009, 54 (6): 1710 – 1714.

[57] Justi E W, Ewe H H, Kalberlan A W, et al. Electrocatalysis in the nickel – titanium system[J]. Energy Conversion, 1970 (10): 183 – 185.

[58] Iwakura C, Ohkawa K, Senoh H, et al. Electrochemical and crystallographic characterization of Co – free hydrogen storage alloys for use in nickel—metal hydride batteries[J]. Electrochimica Acta, 2001, 46: 4383 – 4388.

[59] Lei Y Q, Wu Y M, Yang Q M, et al. Electrochemical behaviour of some mechanically alloyed Mg-Ni-based amorphous hydrogen storage alloys [J]. Z. Phys. Chem. , Bd. , 1994,

183: 379 – 384.

[60] Iwakura C, Fukuda K, Senoh H, et al. Electrochemical characterization of $MmNi_{4.0-x}Mn_{0.75}Al_{0.25}Co_x$ electrodes as a function of cobalt content[J]. Electrochimica Acta, 1998, 43(14 – 15): 2041 – 2046.

[61] Zheng G, Dopov B N, Whiter R E. Electrochemical determination of the diffusion coefficient of hydrogen through an $LaNi_{4.25}Al_{0.75}$ electrode in alkaline aqueous solution[J]. Journal of The Electrochemical Society, 1995, 142 (8): 2695 – 2698.

[62] Iwakura C, Miyamoto M, Inoue H, et al. Electrochemical evaluation of thermodynamic parameters for dissolved hydrogen in stoichiometric and nonstoichiometric hydrogen storage alloys [J]. Journal of Alloys and Compounds, 1997, 259: 129 – 131.

[63] Zhang Y H, Hou Z H, Li B W, et al. Electrochemical hydrogen storage characteristics of as – cast and annealed $La_{0.8-x}Nd_xMg_{0.2}Ni_{3.15}Co_{0.2}Al_{0.1}Si_{0.05}(x = 0 \sim 0.4)$ alloys[J]. Transactions of Nonferrous Metals Society of China, 2013, 23 (5): 1403 – 1412.

[64] Dong Z W, Wu Y M, Ma L Q, et al. Electrochemical hydrogen storage properties of non-stoichiometric $La_{0.7}Mg_{0.3-x}Ca_xNi_{2.8}Co_{0.5}(x = 0 \sim 0.10)$ electrode alloys[J]. Journal of Alloys and Compounds, 2011, 509 (17): 5280 – 5284.

[65] Ding H L, Han S M, Liu Y, et al. Electrochemical performance studies on cobalt and nickel electroplated La-Mg-Ni – based hydrogen storage alloys[J]. International Journal of Hydrogen Energy, 2009, 34 (23): 9402 – 9408.

[66] Khaldia C, Mathlouthia H, Lamloumia J, et al. Electrochemical study of cobalt – free AB_5 – type hydrogen storage alloys

[J]. International Journal of Hydrogen Energy, 2004, 29 (3): 307 -311.

[67] Liu J J, Han S M, Han D, et al. Enhanced cycling stability and high rate dischargeability of $(La, Mg)_2 Ni_7$ – type hydrogen storage alloys with $(La, Mg)_5 Ni_{19}$ minor phase[J]. Journal of Power Sources, 2015, 287: 237 -246.

[68] Hubkowska K, Soszko M, Krajewski M, et al. Enhanced kinetics of hydrogen electrosorption in AB_5 hydrogen storage alloy decorated with Pd nanoparticles[J]. Electrochemistry Communications, 2019, 100: 100 -103.

[69] 杨素霞, 李媛, 刘治平, 等. Fe 部分替代 Cu 对低钴 AB_5 型储氢合金相结构和电化学性能的影响[J]. 物理化学学报, 2010, 26 (8): 2144 -2150.

[70] Ding Y Q, Zhang L, Li Y, et al. The Formation Mechanism and Electrochemical Cyclic Stability of the Single – Phase Prn-$MgNi_{5n-1}$(n =2, 3, 4) Hydrogen Storage Alloy[J]. Journal of The Electrochemical Society, 2016, 163 (10): A2273 - A2281.

[71] Adzic G D, Johnson J R, Mukerjee S, et al. Function of Cobalt in $AB_5 H_x$ electrodes [J]. Journal of Alloys and Compounds, 1997, 253 -254: 579 -582.

[72] Notten P H L, Einerhand R E F, Daams J L C. How to achieve long – term electrochemical cycling stability with hydride – forming electrode materials[J]. Journal of Alloys and Compounds, 1995, 231: 604 -611.

[73] Luo Q, An X H, Pan Y B, et al. The hydriding kinetics of Mg-Ni based hydrogen storage alloys: A comparative study on Chou model and Jander model[J]. International Journal of Hydrogen Energy, 2010, 35 (15): 7842 -7849.

[74] Chen J, Kuriyama N, Takeshita H T, et al. Hydrogen storage

alloys with PuNi$_3$ – type structure as metal hydride electrodes [J]. Electrochem. Solid – State Lett. , 2000, 6 (3): 249 – 252.

[75] Denys R V, Riabov B, Yartys V A, et al. Hydrogen storage properties and structure of La$_{1-x}$Mg$_x$(Ni$_{1-y}$Mn$_y$)$_3$ intermetallics and their hydrides[J]. Journal of Alloys and Compounds, 2007, 446 – 447: 166 – 172.

[76] Jiang W Q, Zhou Z C, Huang C Y, et al. Hydrogen storage properties of As – Cast and annealed La$_{1.9}$Ti$_{0.1}$MgNi$_9$ Alloys [J]. Rare Metal Materials and Engineering, 2010, 39 (11): 1888 – 1892.

[77] Seo C Y, Kim J H, Lee P S, et al. Hydrogen storage properties of vanadium – based b. c. c. solid solution metal hydrides [J]. Journal of Alloys and Compounds, 2003, 348: 252 – 257.

[78] Iwase K, Mori K, Hoshikawa A, et al. Hydrogenation and structural properties of Gd$_2$Ni$_7$ with superlattice structure[J]. International Journal of Hydrogen Energy,2012,37(6):5122 – 5127.

[79] Wan C, Denys R V, Yartys V A. In situ neutron powder diffraction study of phase – structural transformations in the La—Mg—Ni battery anode alloy[J]. Journal of Alloys and Compounds, 2016, 670: 210 – 216.

[80] Jiang W Q, Lan Z Q, Wei W L, et al. Influence of annealing treatment on the hydrogen storage properties of La$_{2-x}$Ti$_x$MgNi$_9$ ($x=0.2$, 0.3) alloys[J]. International Journal of Hydrogen Energy, 2010, 35 (20): 11016 – 11024.

[81] Cai X, Wei F S, Xu X L, et al. Influence of magnesium content on structure and electrochemical properties of La$_{1-x}$-Mg$_x$Ni$_{1.75}$Co$_{2.05}$ hydrogen storage alloys[J]. Journal of Rare

Earths, 2016, 34 (12): 1235 – 1240.

[82] Zhang Y H, Li B W, Ren H P, et al. Influence of Substituting Ni with Fe on Cycle Stabilities of as – Cast and as – Quenched $La_{0.7}Mg_{0.3}Co_{0.45}Ni_{2.55-x}Fe_x$ ($x = 0 \sim 0.4$) Electrode Alloys[J]. Rare Metal Materials and Engineering, 2009, 38 (6): 0941 – 0946.

[83] Lei Y Q, Zhang S K, Lu G L, et al. Influence of the material processing on the electrochemical properties of cobalt – free Ml (NiMnAlFe)$_5$ alloy[J]. Journal of Alloys and Compounds, 2002, 330 – 332: 861 – 865.

[84] Dong Z W, Wu Y M, Ma L Q, et al. Influences of low – Ti substitution for La and Mg on the electrochemical and kinetic characteristics of AB_3 – type hydrogen storage alloy electrodes [J]. Science in China Series E: Technological Sciences, 2010, 53 (1): 242 – 247.

[85] Liu Y F, Pan H G, Gao M X, et al. Influences of Ni addition on the structures and electrochemical properties of $La_{0.7}Mg_{0.3}Ni_{2.65+x}Co_{0.75}Mn_{0.1}$ ($x = 0.0 \sim 0.5$) hydrogen storage alloys [J]. Journal of Alloys and Compounds, 2005, 389 (1 – 2): 281 – 289.

[86] Liu J J, Han S M, Li Y, et al. An investigation on phase transformation and electrochemical properties of as – cast and annealed $La_{0.75}Mg_{0.25}Ni_x$ ($x = 3.0$, 3.3, 3.5, 3.8) alloys [J]. Journal of Alloys and Compounds, 2013, 552: 119 – 126.

[87] Liu Y F, Pan H G, Gao M X, et al. Investigation on the characteristics of $La_{0.7}Mg_{0.3}Ni_{2.65}Mn_{0.1}Co_{0.75+x}$ ($x = 0.00 \sim 0.85$) metal hydride electrode alloys for Ni/MH batteries Part II: Electrochemical performances[J]. Journal of Alloys and Compounds, 2005, 388 (1): 109 – 117.

[88] Pan H G, Liu Y F, Gao M X, et al. An investigation on the structural and electrochemical properties of $LaMg(NiCo_{0.15})_x$ ($x = 3.15 \sim 3.80$) hydrogen storage electrode alloys[J]. Journal of Alloys and Compounds, 2003, 351: 228 – 234.

[89] Qiao Y Q, Xi J Y, Zhao M S, et al. Investigation on the Structure and Electrochemical Properties of La-Ce-Mg-Al-Ni Hydrogen Storage Alloy [J]. Journal of Chemistry, 2013, 2013: 1 – 6.

[90] Yan H Z, Xiong W, Wang L, et al. Investigations on AB_3-, A_2B_7- and A_5B_{19} – type La-Y-Ni system hydrogen storage alloys[J]. International Journal of Hydrogen Energy, 2017, 42 (4): 2257 – 2264.

[91] 李学军, 崔舜, 周增林, 等. $La_{0.5}Mg_{0.5}(Ni_{1-x}Co_x)_{2.28}$ ($x = 0.0 \sim 0.2$) 储氢合金的相结构和电化学性能[J]. 中国稀土学报, 2009, 27 (4): 534 – 538.

[92] 刘永锋, 潘洪革, 金勤伟, 等. $La_{0.7}Mg_{0.3}Ni_{3.4-x}Co_{0.6}Mn_x$ ($x = 0.0 \sim 0.5$) 贮氢电极合金的结构、储氢特性及电化学性能[J]. 稀有金属材料工程, 2005, 34 (6): 867 – 871.

[93] 沈向前, 陈云贵, 陶明大, 等. $La_{0.8-x}Ce_xMg_{0.2}Ni_{3.5}$ ($x = 0 \sim 0.20$) 储氢合金 电极的低温放电性能[J]. 稀有金属材料工程, 2009, 38 (2): 237 – 241.

[94] 罗永春, 陈江平, 邓安强, 等. $La_{0.8-x}Pr_xMg_{0.2}Ni_{3.2}Co_{0.4}Al_{0.2}$ ($x = 0 \sim 0.4$) 储氢合金的相结构与电化学性能[J]. 中国稀土学报, 2007, 25 (4): 454 – 460.

[95] 方春恒, 王常春, 柳东明, 等. $La_2Ca_2Mg_2Ni_{13-x}Co_x$ 储氢合金的相结构和电化学性能[J]. 安徽工业大学学报, 2009, 26 (2): 138 – 141.

[96] 罗永春, 陈江平, 张法亮, 等. $La_{3-x}Y_xMgNi_{14}$ ($x = 0 \sim 2$) 储氢合金的相结构与电化学性能研究[J]. 兰州理工大学学报, 2006, 32 (4): 20 – 24.

[97] 魏范娜. La_4MgNi_{19}储氢合金的结构与性能研究[D]. 镇江：江苏科技大学, 2013.

[98] 邓安强, 罗永春, 阎汝煦, 等. $La_{4-x}Pr_xMgNi_{19}$ ($x = 0 \sim 2.0$)储氢合金的相结构与电化学性能[J]. 稀有金属材料与工程, 2008, 37 (6): 1037 - 1041.

[99] 郭亮. $LaMgNi_4$ 储氢合金的制备及工艺优化[J]. 电工材料, 2009, 4: 23 - 27.

[100] Zhang F L, Luo Y C, Chen J P, et al. La—Mg—Ni ternary hydrogen storage alloys with Ce_2Ni_7 – type and Gd_2Co_7 – type structure as negative electrodes for Ni/Mh batteries[J]. Journal of Alloys and Compounds, 2007, 430 (1 – 2): 302 – 307.

[101] 张羊换, 董小平, 郭世海, 等. LaMgNi 基($PuNi_3$ 型)储氢合金的微观结构与电化学性能[J]. 功能材料, 2005, 36 (4): 532 - 535.

[102] 师彦春, 张羊换, 赵小龙, 等. La-Mg-Ni 系($AB_{3-3.5}$型)储氢合金循环寿命改善途径[J]. 金属功能材料, 2007, 14 (6): 33 - 37.

[103] 杜青春. La – Mg – Ni 系 A_2B_7 型合金储氢性能的研究[D]. 兰州：兰州理工大学, 2005.

[104] 康龙, 田晓光, 罗永春, 等. La-Mg-Ni 系 A_2B_7 型储氢合金表面包覆铜及其电化学性能[J]. 兰州理工大学学报, 2008, 34 (4): 1 - 5.

[105] 田晓光. La-Mg-Ni 系 A_2B_7 型储氢合金电极材料表面改性研究[D]. 兰州：兰州理工大学, 2008.

[106] 杨晓峰. La-Mg-Ni 系 A_2B_7 与 A_5B_{19} 型储氢合金的相结构与电化学性能研究[D]. 兰州：兰州理工大学, 2009.

[107] 邓安强. La-Mg-Ni 系 A_2B_7 与 A_5B_{19} 型储氢电极合金的相结构与电化学性能研究[D]. 兰州：兰州理工大学, 2007.

[108] 李蒙, 朱磊, 尉海军, 等. La – Mg – Ni 系 A_5B_{19} 相储氢合

金热处理工艺研究[J]. 稀有金属, 2012, 36 (2): 236 – 241.

[109] 陆欢欢. La-Mg-Ni 系 A$_5$B$_{19}$型储氢合金的研究[D]. 镇江: 江苏科技大学, 2014.

[110] 廖彬. La-Mg-Ni 系 AB$_3$ 型储氢电极合金的相结构与电化学性能[D]. 杭州: 浙江大学, 2004.

[111] 张发亮. La-Mg-Ni 系新型储氢合金结构与电化学性能的研究[D]. 兰州: 兰州理工大学, 2006.

[112] 韩玉君, 董小强, 董允, 等. La – Mg – Ni 型储氢合金的研究进展[J]. 材料导报, 2010, 24 (15): 266 – 271.

[113] 闫小龙, 刘增彦, 宋秀芹, 等. LaNi$_{3.8-x}$Al$_x$(0≤x≤0.5)多相储氢合金的结构及电化学性能[J]. 中国稀土学报, 2011, 29 (3): 360 – 364.

[114] 魏范松. La – Ni – Sn 系 AB$_{5+x}$型无 Co 储氢电极合金的研究[D]. 杭州: 浙江大学, 2006.

[115] Tsukahara M, Takahashi K, Mishima T, et al. Metal hydride electrode based on solid solution type alloy TiV$_3$Ni$_x$(0≤x≤0.75)[J]. Journal of Alloys and Compounds, 1995, 226: 203 – 207.

[116] Willems J J G. Metal hydride electrode of LaNi$_5$ – related compounds[J]. Philips Journal of Research, 1984, 39·(1): 54 – 70.

[117] 闫鹏宇, 刘向东, 李帅东. Mg$_2$Ni 储氢合金制备技术研究进展[J]. 金属功能材料, 2015, 22 (4): 39 – 45.

[118] 刘素琴, 陈东洋, 黄可龙, 等. MgNi – TiNi$_{0.56}$M$_{0.44}$(M = Al、Fe)储氢合金的制备和电化学性能研究[J]. 无机材料学报, 2009, 24 (2): 361 – 366.

[119] Lv W, Shi Y F, Deng W P, et al. Microstructural evolution and performance of hydrogen storage and electrochemistry of Co – added La$_{0.75}$Mg$_{0.25}$Ni$_{3.5-x}$Co$_x$(x = 0, 0.2, 0.5 at%) al-

loys[J]. Progress in Natural Science: Materials International, 2017, 27 (4): 424 - 429.

[120] Wei T G, Zhang L, Miao Z, et al. Microstructure and corrosion behavior of Zr—1. 0Cr—0. 4Fe—xMo alloys[J]. Rare Metals, 2013, 34 (2): 118 - 124.

[121] Liu J J, Li Y, Han S M, et al. Microstructure and Electrochemical Characteristics of Step - Wise Annealed $La_{0.75}Mg_{0.25}$-$Ni_{3.5}$ Alloy with A_2B_7 - and A_5B_{19} - type Super - Stacking Structure[J]. Journal of The Electrochemical Society, 2013, 160 (8): A1139 - A1145.

[122] Dong Z W, Ma L Q, Wu Y M, et al. Microstructure and electrochemical hydrogen storage characteristics of ($La_{0.7}$-$Mg_{0.3})_{1-x}Ce_xNi_{2.8}Co_{0.5}$ ($x = 0 \sim 0.20$) electrode alloys[J]. International Journal of Hydrogen Energy, 2011, 36 (4): 3016 - 3021.

[123] Dong Z W, Wu Y M, Ma L Q, et al. Microstructure and electrochemical hydrogen storage characteristics of $La_{0.67}$-$Mg_{0.33-x}Ca_xNi_{2.75}Co_{0.25}$ ($x = 0 \sim 0.15$) electrode alloys[J]. International Journal of Hydrogen Energy, 2011, 36 (4): 3050 - 3055.

[124] Pan C C, Cai W P, Iqbal J, et al. Microstructure and electrochemical properties of melt - spun $Nd_{0.8}Mg_{0.2}$($Ni_{0.8}$-$Co_{0.2})_{3.8}$ hydrogen storage alloy[J]. Journal of Rare Earths, 2010, 28 (1): 100 - 103.

[125] Nagai H, Kitagaki K, Keiichiroshoji. Microstructure and hybriding characteristics of FeTi alloys containing manganese [J]. Journal of the Less - Common Metals, 1987, 134: 275 - 279.

[126] Wang W, Chen Y G, Li Q, et al. Microstructures and electrochemical properties of $LaNi_{3.8-x}Al_x$ hydrogen storage alloys

[J]. Journal of Rare Earths, 2013, 31 (5): 497 - 501.

[127] Zhong C L, Chao D L, Chen Y G, et al. Microstructures and electrochemical properties of LaNi$_{3.8-x}$ Mn$_x$ hydrogen storage alloys[J]. Electrochimica Acta, 2011, 58: 668 - 673.

[128] 春林, 盛丹, 熊玮, 等. Mn 含量对 La$_{0.65}$Mg$_{0.35}$Ni$_{3.1-x}$Mn$_x$ (x = 0.0 ~ 0.4) 储氢合金高温电化学性能的影响[J]. 稀土, 2009, 30 (4): 1 - 5.

[129] 汪保国, 杨传铮, 王丹, 等. Mo 对储氢合金 RE$_{0.78}$Mg$_{0.22}$-(Ni$_{0.84-x}$Co$_{0.15}$Al$_{0.01}$Mo$_x$)$_{3.5}$ 的结构及电化学性能的影响[J]. 电源技术, 2010, 34 (8): 822 - 825.

[130] 周增林, 宋月清, 崔舜, 等. Nd 替代 La 对 La-Mg-Ni 系 A$_2$B$_7$ 型储氢电极合金性能的影响[J]. 中国有色金属学报, 2007, 17 (1): 45 - 52.

[131] 王北平, 蔡春山, 王淑霞. Nd 替代 La 对 R-Mg-Ni 基储氢合金结构和电化学性能的影响[J]. 稀土, 2015, 36 (4): 15 - 18.

[132] 白珍辉, 尉海军, 蒋利军, 等. Nd 元素部分取代对 La$_{0.8-x}$-Nd$_x$Mg$_{0.2}$Ni$_{3.3}$Co$_{0.5}$ (x = 0 ~ 0.15) 储氢合金结构和电化学性能影响[J]. 稀有金属, 2010, 34 (4): 546 - 550.

[133] Wang C S, Wang X H, Lei Y Q, et al. A new method of determining the thermodynamic parameters of metal hydride electrode materials[J]. International Journal of Hydrogen Energy, 1997, 22 (12): 1117 - 1124.

[134] Zhao Y M, Zhang S, Liu X X, et al. Phase formation of Ce$_5$Co$_{19}$ – type super – stacking structure and its effect on electrochemical and hydrogen storage properties of La$_{0.60}$M$_{0.20}$-Mg$_{0.20}$Ni$_{3.80}$ (M = La, Pr, Nd, Gd) compounds[J]. International Journal of Hydrogen Energy, 2018, 43 (37): 17809 - 17820.

[135] Du W K, Cao S B, Li Y, et al. Phase Structure and Electro-

chemical Characteristics of Rhombohedral Super – Stacking $La_{0.77}Mg_{0.23}Ni_{3.72}$ Hydrogen Storage Alloy[J]. Journal of The Electrochemical Society, 2015, 162 (10): A2180 – A2187.

[136] Fan Y P, Zhang L, Xue C J, et al. Phase structure and electrochemical hydrogen storage performance of La_4MgNi_{18} M (M = Ni, Al, Cu and Co) alloys[J]. Journal of Alloys and Compounds, 2017, 727: 398 – 409.

[137] Wei F S, Li L, Xiang H F, et al. Phase structure and electrochemical properties of $La_{1.7+x}Mg_{1.3-x}(NiCoMn)_{9.3}$ ($x = 0 \sim$ 0.4) hydrogen storage alloys[J]. Transactions of Nonferrous Metals Society of China, 2012, 22 (8): 1995 – 1999.

[138] Wei F S, Wei F N, Lu H H, et al. The Phase Structure and Electrochemical Properties of $La_4MgNi_{17}M_2$ (M = Ni, Co, Mn) Hydrogen Storage Alloys[J]. Advanced Materials Research, 2014, 875 – 877: 282 – 287.

[139] Wei F S, Xu X L, Xiao J N, et al. Phase structure and electrochemical properties of $La_4MgNi_{19-x}Co_x$ ($x = 0 \sim 2$) hydrogen storage alloys [J]. The Chinese Journal of Nonferrous Metals, 2016, 26 (3): 586 – 592.

[140] Lu H H, Wei F S, Wei F N. The Phase Structure and Electrochemical Properties of $La_4MgNi_{19-x}Co_x$ ($x = 0 \sim 2$) Hydrogen Storage Alloys[J]. Advanced Materials Research, 2014, 875 – 877: 277 – 281.

[141] Zhang Y, Wei F S, Xiao J N, et al. Phase Structure and Electrochemical Properties of Melt – Spun $La_4MgNi_{17.5}Mn_{1.5}$ Hydrogen Storage Alloys[J]. Acta Metallurgica Sinica (English Letters), 2017, 30 (11): 1033 – 1039.

[142] Zhang Z, Han S M, Guan W, et al. Phase structure and electrochemical properties of $Ml_{1-x}Mg_xNi_{2.78}Co_{0.50}Mn_{0.11}Al_{0.11}$ hydrogen storage alloys[J]. Journal of Applied Electrochem-

istry, 2007, 37 (3): 311 –314.

[143] Liu J J, Han S M, Li Y, et al. Phase structures and electrochemical properties of La—Mg—Ni – based hydrogen storage alloys with superlattice structure[J]. International Journal of Hydrogen Energy, 2016, 41 (44): 20261 –20275.

[144] Xue C J, Zhang L, Fan Y P, et al. Phase transformation and electrochemical hydrogen storage performances of La_3RMgNi_{19} (R = La, Pr, Nd, Sm, Gd and Y) alloys[J]. International Journal of Hydrogen Energy, 2017, 42 (9): 6051 –6064.

[145] Liu J J, Yan Y K, Cheng H H, et al. Phase transformation and high electrochemical performance of $La_{0.78}Mg_{0.22}Ni_{3.73}$ alloy with $(La,Mg)_5Ni_{19}$ superlattice structure[J]. Journal of Power Sources, 2017, 351: 26 –34.

[146] Volodin A A, Wan C B, Denys R V, et al. Phase – structural transformations in a metal hydride battery anode $La_{1.5}Nd_{0.5}$ $MgNi_9$ alloy and its electrochemical performance[J]. International Journal of Hydrogen Energy, 2016, 41 (23): 9954 –9967.

[147] Tan J B, Zeng X Q, Zou J X, et al. Preparation of $LaMgNi_{4-x}Co_x$ alloys and hydrogen storage properties[J]. Transactions of Nonferrous Metals Society of China, 2013, 23 (8): 2307 –2311.

[148] Sakai T, Uehara I, Ishikawa H. R&D on metal hydride materials and Ni—MH batteries in Japan[J]. Journal of Alloys and Compounds, 1999, 293 –295: 762 –769.

[149] Liu Y F, Cao Y H, Huang L, et al. Rare earth—Mg—Ni – based hydrogen storage alloys as negative electrode materials for Ni/MH batteries[J]. Journal of Alloys and Compounds, 2011, 509 (3): 67 –686.

[150] 张羊换, 杨泰, 吴征洋, 等. RE(RE = Nd,Sm,Pr)部分替

代 La 对 A_2B_7 型合金电化学储氢性能的影响[J]. 稀有金属, 2015, 39 (1): 1 - 10.

[151] Zhao X Y, Ma L Q. Recent progress in hydrogen storage alloys for nickel/metal hydride secondary batteries[J]. International Journal of Hydrogen Energy, 2009, 34 (11): 4788 - 4796.

[152] Wang Q D, Chen C P, Lei Y Q. The recent research, development and industrial applications of metal hydrides in the People's Republic of China[J]. Journal of Alloys and Compounds, 1997, 253 - 254: 629 - 634.

[153] Sun D L, Lei Y Q, Liu W H, et al. The relation between the discharge capacity and cycling number of mechanically alloyed Mg_xNi_{100-x} amorphous electrode alloys[J]. Journal of Alloys and Compounds, 1995, 231: 621 - 624.

[154] 斯庭智. R-Mg-Ni(R = Ca 和 La) 层状结构合金的微结构和储氢性能研究[D]. 马鞍山: 合肥工业大学, 2010.

[155] 蒋龙. R-Mg-Ni 系合金的储氢及电化学性能研究[D]. 南宁: 广西大学, 2009.

[156] Sakai T, Oguro K, Miyamura H, et al. Some factors affecting the cycle lives of $LaNi_5$ - based alloy electrodes of hydrogen batteries[J]. J. Less - common Met., 1990, 161: 193 - 202.

[157] Ozaki T, Kanemoto M, Kakeya T, et al. Stacking structures and electrode performances of rare earth—Mg—Ni - based alloys for advanced nickel—metal hydride battery[J]. Journal of Alloys and Compounds, 2007, 446 - 447: 620 - 624.

[158] Kohno T, Takeno S, Yoshida H, et al. Structural analysis of La-Mg-Ni - based new hydrogen storage alloy [J]. Res. Chem. Intermed., 2006, 32 (5 - 6): 437 - 445.

[159] Si T, Zhang Q, Pang G, et al. Structural characteristics and

hydrogen storage properties of Ca$_{3.0-x}$Mg$_x$Ni$_9$ ($x = 0.5$, 1.0, 1.5 and 2.0) alloys [J]. International Journal of Hydrogen Energy, 2009, 34 (3): 1483 – 1488.

[160] Si T Z, Pang G, Liu D M, et al. Structural investigation and electrochemical properties of La$_{5-x}$Ca$_x$Mg$_2$Ni$_{23}$ ($x = 0$, 1, 2 and 3) hydrogen storage alloys [J]. Journal of Alloys and Compounds, 2009, 480 (2): 756 – 760.

[161] Kadir K, Sakai T, Uehara I. Structural investigation and hydrogen capacity of YMg$_2$Ni$_9$ and (Y$_{0.5}$Ca$_{0.5}$)(MgCa)Ni$_9$: new phases in the AB$_2$C$_9$ system isostructural with LaMg$_2$Ni$_9$ [J]. Journal of Alloys and Compounds, 1999, 287: 264 – 270.

[162] Kadir K, Sakai T, Uehara I. Structural investigation and hydrogen storage capacity of LaMg$_2$Ni$_9$ and (La$_{0.65}$Ca$_{0.35}$)-(Mg$_{1.32}$Ca$_{0.68}$)Ni$_9$ of the AB$_2$C$_9$ type structure [J]. Journal of Alloys and Compounds, 2000, 302: 112 – 117.

[163] Zhao Y M, Wang W F, Han S M, et al. Structural stability studies of single – phase Ce$_2$Ni$_7$ – type and Gd$_2$Co$_7$ – type isomerides with La$_{0.65}$Nd$_{0.15}$Mg$_{0.2}$Ni$_{3.5}$ compositions [J]. Journal of Alloys and Compounds, 2019, 775: 259 – 269.

[164] Nakamura J, Iwase K, Hayakawa H, et al. Structural Study of La$_4$MgNi$_{19}$ Hydride by In Situ X – ray and Neutron Powder Diffraction [J]. The Journal of Physical Chemistry C, 2009, 113 (14): 5853 – 5859.

[165] Wei F S, Cai X, Zhang Y, et al. Structure and Electrochemical Properties of La$_4$MgNi$_{17.5}$M$_{1.5}$ (M = Co, Fe, Mn) Hydrogen Storage Alloys [J]. International Journal of Electrochemical Science, 2017: 429 – 439.

[166] Qian S X, Gui C Y, Da T M, et al. The structure and high – temperature (333K) electrochemical performance of La$_{0.8-x}$Ce$_x$Mg$_{0.2}$Ni$_{3.5}$ ($x = 0.00 \sim 0.20$) hydrogen storage alloys [J].

International Journal of Hydrogen Energy, 2009, 34 (8): 3395 – 3403.

[167] Zhang Y H, Li B W, Ren H P, et al. Structures and electrochemical hydrogen storage characteristics of $La_{0.75-x}Pr_xMg_{0.25}$ - $Ni_{3.2}Co_{0.2}Al_{0.1}$ ($x = 0 \sim 0.4$) alloys prepared by melt spinning [J]. Journal of Alloys and Compounds, 2009, 485 (1 – 2): 333 – 339.

[168] Park Y D, Mishra B. Studies on the hydrogen absorption properties of $LaNi_{5-x}Sn_x$ and $La_{0.95}Ni_{4.6}Sn_{0.3}$ alloys using magnetic and thermoelectric power measurement[J]. Metals And Materials International, 2005, 11 (3): 241 – 248.

[169] Lan Z Q, Li J C, Wei B, et al. Study on electrochemical property of $La_{0.75}Mg_{0.25}Ni_{2.85}Co_{0.45-x}(AlSn)_x$ ($x = 0.0$, 0.1, 0.2, 0.3) alloys [J]. Journal of Rare Earths, 2016, 34 (4): 401 – 406.

[170] Zhu Y F, Pan H G, Gao M X, et al. A study on improving the cycling stability of $(Ti_{0.8}Zr_{0.2})(V_{0.533}Mn_{0.107}Cr_{0.16}Ni_{0.2})_4$ hydrogen storage electrode alloy by means of annealing treatment: I. Effects on the structures[J]. Journal of Alloys and Compounds, 2002, 347: 279 – 284.

[171] Zhang L, Du W K, Han S M, et al. Study on solid solubility of Mg in $Pr_{3-x}Mg_xNi_9$ and electrochemical properties of $PuNi_3$ – type single – phase RE-Mg-Ni (RE = La, Pr, Nd) hydrogen storage alloys [J]. Electrochimica Acta, 2015, 173: 200 – 208.

[172] Jiang W Q, Lan Z Q, Xu L Q, et al. A study on the hydrogen – storage properties of $La_{2-x}Ti_xMgNi_9$ ($x = 0.1$, 0.2, 0.3, 0.4) alloys[J]. International Journal of Hydrogen Energy, 2009, 34 (11): 4827 – 4832.

[173] Huang T Z, Wu Z, Han J T, et al. Study on the structure and

hydrogen storage characteristics of as – cast La$_{0.7}$-Mg$_{0.3}$Ni$_{3.2}$ Co$_{0.35-x}$Cu$_x$ alloys[J]. International Journal of Hydrogen Energy, 2010, 35 (16): 8592 – 8596.

[174] 牛芳, 张胤, 李霞, 等. THF 球磨环境对 La$_{0.82}$Mg$_{0.18}$-Ni$_{3.5-x}$Al$_x$(x = 0.05 ~ 0.20)电化学性能的影响[J]. 电源技术, 2015, 39 (6): 1271 – 1275.

[175] 郭蕊. Ti-V-Ni 系钒基固溶体型储氢电极合金的相结构与电化学性能[D]. 杭州: 浙江大学, 2002.

[176] 周潇潇, 陈云贵, 严义刚, 等. V – Fe 二元合金的吸放氢特性[J]. 稀有金属材料与工程, 2008, 37 (2): 374 – 376.

[177] 周增林, 宋月清, 崔舜, 等. 不同化学计量比稀土镁基储氢电极合金结构和电化学性能[J]. 稀有金属, 2005, 29 (5): 690 – 694.

[178] 张羊换, 高金良, 许胜, 等. 储氢材料的应用与发展[J]. 金属功能材料, 2014, 21 (6): 1 – 13.

[179] 魏范松, 雷永泉, 陈立新, 等. 低 Co 储氢合金 ReNi$_{3.5}$-Co$_{0.3}$Mn$_{0.3}$Al$_{0.4}$Fe$_{0.5-x}$Sn$_x$(x = 0 ~ 0.4)的相结构和电化学性能[J]. 材料科学与工程学报, 2003, 21 (3): 323 – 326.

[180] 吴静然, 刘春哲, 王国永. 非化学计量 La(NiMn)$_{5.6}$合金的储氢性能[J]. 材料热处理技术, 2010(14):56 – 58.

[181] 肖秀杰. 负载型 LaNi$_5$ 合金和纳米镍催化剂的制备及甲苯加氢性能的研究[D]. 天津: 南开大学, 2009.

[182] 杨铁城. 含 Ca 稀土系 AB$_3$ 和 AB$_5$ 型储氢电极合金的相结构和电化学性能研究[D]. 杭州: 浙江大学, 2006.

[183] 吴婷. 合金化元素对 La-Mg-Ni 系 A$_2$B$_7$ 型储氢合金微观组织和电化学性能的影响[D]. 兰州: 兰州理工大学, 2010.

[184] 张羊换, 赵栋梁, 赵小龙, 等. 化学计量比 B/A 对 La$_{0.75}$-Mg$_{0.25}$Ni$_{2.5}$M$_x$(M = Ni, Co; x = 0 ~ 1.0)电极合金微观结构

及电化学 性能的影响[J]. 稀有金属材料工程, 2008, 37 (12): 2075 - 2080.

[185] 方小飞. 化学组成计量比和制备工艺对 La-Mg-Ni 系储氢合金电极材料性能的影响[D]. 兰州: 兰州理工大学, 2012.

[186] 李静, 罗永春, 张国庆, 等. 混合稀土对 A_2B_7 型储氢合金结构和电化学性能的影响[J]. 无机化学学报, 2014, 30 (10): 2270 - 2278.

[187] 肖佳宁. 快速凝固对 A_5B_{19} 型储氢合金性能的影响[D]. 镇江: 江苏科技大学, 2015.

[188] 吴彦军, 王大辉, 罗永春, 等. 快速凝固制备 $La_2Mg_{0.9}Ni_{7.5}Co_{1.5}Al_{0.1}$ 储氢合金 的相结构及电化学性能[J]. 稀有金属材料工程, 2007, 36 (10): 1856 - 1860.

[189] 周增林, 宋月清, 崔舜, 等. 热处理对 La-Mg-Ni 系储氢电极合金性能的影响 (Ⅱ)储氢及电化学性能[J]. 稀有金属材料工程, 2008, 37 (6): 964 - 969.

[190] 方小飞, 罗永春, 高志杰, 等. 热处理对 A_5B_{19} 型 $La_{0.68}Gd_{0.2}Mg_{0.12}Ni_{3.3}Co_{3}Al_{0.1}$ 储氢合金微观组织和电化学性能的影响[J]. 功能材料, 2012, 43 (20): 2751 - 2756.

[191] 张旻昱, 吴锋, 穆道斌. 热处理对 AB_3 型无 Co 储氢合金电化学性能的研究[J]. 功能材料, 2009, 40 (12): 2111 - 2114.

[192] 邓安强, 樊静波, 钱克农, 等. 热处理对 La_4MgNi_{19} 储氢电极合金结构和性能的影响[J]. 物理化学学报, 2011, 27 (1): 103 - 107.

[193] 曾书平, 罗永春, 李新宇, 等. 热碱处理对 La-Mg-Ni 系 A_2B_7 型储氢合金电极性能的影响[J]. 中国稀土学报, 2014, 32 (6): 701 - 709.

[194] 邓安强, 罗永春, 王浩, 等. 退火处理对 A_2B_7 型 $La_{0.63}(Pr_{0.1}Nd_{0.1}Y_{0.6}Sm_{0.1}Gd_{0.1})_{0.2}Mg_{0.17}Ni_{3.1}Co_{0.3}Al_{0.1}$ 储氢合金相结构和电化学性能的影响[J]. 材料导报 A: 综述篇,

2018, 32 (8): 2565 – 2570.

[195] 陈贤礼, 雷永泉, 廖彬, 等. 退火处理对 $MlNi_{4.0}Al_{0.3}Si_{0.1}$-$Fe_{0.6}$ 无 Co 储氢电极合金的微结构和电化学性能的影响[J]. 中国有色金属学报, 2004, 14 (11): 1862 – 1868.

[196] 董小平, 张羊换, 吕反修, 等. 退火对 $La_{0.75}Mg_{0.25}Ni_{3.5}Co_x$ ($x = 0$, 0.6) 合金结构与电化学性能[J]. 功能材料, 2008, 39 (2): 238 – 241.

[197] 黄显吞. 退火对 $(La_{0.8}Nd_{0.2})_2Mg(Ni_{0.8-x}Co_{0.1}Mn_{0.1}Al_x)_9$ 合金储氢性能的影响[J]. 金属热处理, 2014, 39 (2): 15 – 18.

[198] 张晶, 肖方明, 孙泰, 等. 退火工艺对 $(LaSm)_{0.7}Nd_{0.2}Mg_{0.1}$-$(NiAl)_{3.6}$ 储氢合金电化学性能的影响[J]. 材料导报, 2014, 28: 222 – 224.

[199] 魏范松, 蔡鑫, 陆欢欢, 等. 退火态 $La_{1-x}Ce_xMg_{0.25}$-$Ni_4Co_{0.75}$($x = 0 \sim 0.4$) 储氢合金的相结构与电化学性能[J]. 江苏科技大学学报(自然科学版), 2016, 30 (4): 333 – 337.

[200] 蔡鑫, 魏范松, 胥小丽, 等. 退火温度对 $La_4MgNi_{17.5}Co_{1.5}$ 储氢合金结构和性能的影响[J]. 金属功能材料, 2015, 22 (4): 16 – 20.

[201] 许剑轶, 张胤, 阎汝煦, 等. 稀土系 AB_5 型储氢合金电极材料研究进展[J]. 电源技术, 2009, 33 (10): 923 – 926.

[202] 雷永泉. 新能源材料[M]. 天津: 天津大学出版社, 2000.

[203] 邓延辉. 新型含镁储氢合金的结构和储氢性能研究[D]. 南京: 南京理工大学, 2007.

[204] 张羊换, 赵栋梁, 郭世海. 铸态和快淬态 $Mg_{20-x}La_xNi_{10}$($x = 0 \sim 6$) 合金的结构及储氢性能[J]. 功能材料, 2010, 41 (5): 771 – 774.

[205] 张羊换, 董小平, 王国清, 等. 铸态及快淬态 La-Mg-Ni 系 ($PuNi_3$ 型)储氢合金的循环稳定性[J]. 中国有色金属学报, 2005, 15 (5): 705 – 710.